基于PC-SERCOS的开放式数控系统关键技术

周肖阳　著

中国纺织出版社有限公司

内 容 提 要

本书在《中国制造 2025》的背景下，阐述制造的智能化离不开相关智能算法的开发以及数控系统的支持。本书建立了一个基于刀具半径优化补偿的五轴通用后处理器。基于刀具磨损模型，通过探究五轴端铣加工中常用刀具的半径补偿向量，提出一种半径的优化补偿方法。本书采用 IDB 文件建立 HMI 模块与数据处理模块间的通信。同时，应用所建立的五轴机床通用模型使得所开发的后处理器可以广泛适用于各类五轴机床。通过仿真实验与加工实验，验证了所建立的后处理器的准确性与实用性，并且可以有效提高加工质量和减少总的加工时间和花费。基于解释型编译原理，利用逐行扫描，关键字匹配的方法开发了能够对指令表程序进行逐行拾取和循环执行的解释型运行系统。最后通过实例验证了解释型软 PLC 功能的可靠性，达到了控制开放式数控系统逻辑指令功能的目的。

图书在版编目（CIP）数据

基于 PC-SERCOS 的开放式数控系统关键技术 / 周肖阳著. -- 北京 : 中国纺织出版社有限公司, 2021.11
ISBN 978-7-5180-8597-2

Ⅰ. ①基…　Ⅱ. ①周…　Ⅲ. ①数字控制系统　Ⅳ. ① TP273

中国版本图书馆 CIP 数据核字 (2021) 第 100666 号

策划编辑：史　岩　　责任编辑：段子君
责任校对：楼旭红　　责任印制：储志伟

中国纺织出版社有限公司出版发行
地址：北京市朝阳区百子湾东里 A407 号楼　邮政编码：100124
销售电话：010—67004422　传真：010—87155801
http://www.c-textilep.com
中国纺织出版社天猫旗舰店
官方微博 http://weibo.com/2119887771
北京虎彩文化传播有限公司印刷　各地新华书店经销
2021 年 11 月第 1 版第 1 次印刷
开　本：710×1000　1/16　印张：10
字　数：165 千字　定价：88.00 元

前　言

在《中国制造 2025》中，智能制造被定为中国制造的主攻方向。制造的智能化离不开相关智能算法的开发以及数控系统的支持。传统的数控系统因其结构相对封闭不利于用户根据自已的需要或者加工的需要对系统进行更改或者升级，大大制约了智能制造领域的发展。所以，数控系统的开放性对于智能制造的进步起着至关重要的作用。同时，开发我国自主产权的开放式数控系统也是缩短我国制造业水平与世界先进水平距离的有效途径。在此背景下，本书针对实现开放式数控系统的关键技术进行了深入的研究。

对于具有高实时、高性能要求的开放式数控系统，运动控制接口作为最核心的接口应该具备高度实时以及高精度同步的特性。基于此通过分析开放式数控系统的软硬件结构，本文选用 SERCOS 接口作为运动控制接口并采用 PC 机、通用 Windows 操作系统以及 RTX 实时扩展系统搭建数控系统的软硬件平台。同时，按照 SERCOS 协议的要求，摒弃了以往需要其他商用软件进行 I/O 设备间的高速串行通讯，建立了符合 SERCOS 标准的 SERCOS 服务通道与命令通道，使得整个系统在进行工作的过程中，可以按照用户的需要进行数据流提取，为智能制造加工算法分析提供了数据支持并提高了整个系统的开放性。

针对高速高精加工中传统的 NURBS 算法沿曲线方向进行单一插补时，曲线的弧长与参数之间无精确的解析关系、进给速度又总是受到非线性变化的曲线曲率约束，导致基于 S 型加减速进行 NURBS 插补时，曲线长度的实时计算以及对减速点的预测十分困难，无法获得曲线余下部分的速度约束信息，而且在进行实时插补的过程中可能出现计算负荷过大、导致数据饥饿的现象，降低了系统的实时性能。针对以上问题，本系统采用基于 S 型加减速的寻回实时插补算法。该算法不依赖于曲线弧长的精确计算，采用正向与反向同步插补的方法。首先，在前瞻插补模块中先对曲线进行逆向插补，确定正反向插补的校验点，以及正向插补所需的相关信息；然后，在实时插补模块中，通过对比校验点的速度，判断是调用逆向插补的数据还是继续进行正向插补，从而实现满足速度约束条件的最优插补。该算法无需求解高次方程并可以保证以确定的速度通过曲率极值点和曲线终点，很好的保证了插补过程中的实时性。通过插补实例证明了算法简单高效、适应性以及实时性好，能够满足高速高精度数控加工的要求。

后处理器是将刀位数据（CL 数据）转化成数字控制数据的重要接口。由于五轴机床结构的多样性以及数控系统间的独立性导致五轴机床的数据补偿变得十分复杂。本文建立了一个基于刀具半径优化补偿的五轴通用后处理器。基于刀具磨损模型，通过探究五轴端铣加工中常用刀具的半径补偿向量，提出一种半径的优化补偿方法。同时，应用所建立的五轴机床通用模型使得所开发的后处理器可以广泛适用于各类五轴机床。通过仿真实验与加工实验，验证了所建立的后处理器的准确性与实用性，并且可以有效的提高加工质量和减少总的加工时间和花费。

采用面向对象技术及模块化的思想，为开放式数控系统建立了用于数据存储的数据处理模块以及用于对数据进行加工分析的智能算法模块。为了防止多个线程同时访问同一共享资源，使数据的读写和进程间有序的执行，对数据处理模块和智能算法模块进行了多线程设计。考虑到在进行实验的过程中用户可以根据实验的预期效果动态的调整程序，这样做将大幅减少开发周期方便数据的查看与修改，本文采用 IDB 文件建立 HMI 模块与数据处理模块间的通信。

对于翻译型编译原理的软件 PLC 会降低数控系统的开放性与灵活性的问题，本文基于解释型编译原理，利用逐行扫描，关键字匹配的方法开发了能够对指令表程序进行逐行拾取和循环执行的解释型运行系统。最后通过实例验证了解释型软 PLC 功能的可靠性，达到了控制开放式数控系统逻辑指令功能的目的。

周肖阳

2021 年 4 月

目　录

第1章 绪 论

1.1 本课题的研究背景及意义

传统数控系统的体系结构一般是封闭的，如FANUC、SIEMENS、ABB等数控系统供应商生产的数控系统，如图1-1所示。目前，随着市场上对于数控系统功能多样性的需求，传统数控系统无法满足现今快速变化的市场环境。

自20世纪80年代以来，对具有开放体系结构的数控系统，在通用计算机技术的推动下，现已成为数控领域的研究热点。对于数控机床使用者、配套数控系统开发者以及机床生产厂家而言，研究具有开放体系结构的机床控制系统有着巨大的意义。对控制系统开发商而言，基于开放式控制系统统一标准，配套数控系统开发者彼此可以充分发挥各自优势，补充完善数控系统产品功能并缩短产品开发周期。对于机床生产厂家而言，其可以根据用户的不同需求采用相应的机床控制系统，并可以基于通用接口集成自身软件产品。最终，对于机床使用者而言，将可以获得满足自身加工需求，更为廉价并且更新和移植更为便捷的产品。开放式数控系统的出现不仅打破了传统控制系统供应商垄断市场的局面，而且其对于数控编程加工标准具有较强的适应性。

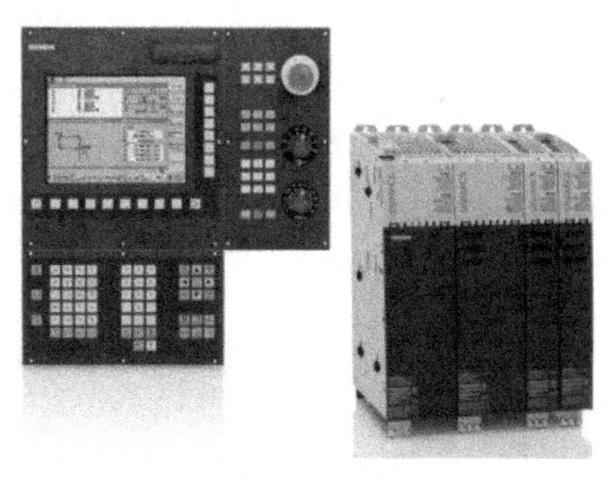

图1-1 西门子802D数控系统

此外，遵循《中国制造2025》的基本思想和要求，具有开放式结构的数控系统应有智能化、可重构等特点，因此可以将制造厂商和用户的创新技术及工艺诀窍应用到其中，为生产过程中的智能化加工提供有力的技术支持并且开放式数控系统还可以通过以太网（ETHERNET）实现数据交互，同样为云制造技术等奠定了重要的基础。开放式数控系统正经历由数控系统部分内核开放向数控系统体系结构完全开放的阶段进行过渡。运动控制器作为机床控制系统的核心，从最初的 PC+NC 逐渐发展成 PC+CNC 扩展卡，到现在的运动控制核心功能全部由软件化的功能模块实现的形式。

我国早在 1958 年开始对于数控机床进行研究，然而，我国数控技术水平出于各方面的因素目前还远落后于国外先进水平，随着《中国制造 2025》计划的提出，以及国际上相关的开放计划的实施，摆在我们面前的是十分严峻的挑战，但又同时为我国数控产业的发展带来了新的契机，它让我国数控产业有机会与世界先进水平站在同一水平线上。目前，在航空航天、能源、模具等行业内广泛使用复杂曲面零件，通常加工此类零件采用的是五轴联动数控机床的线性插补功能去完成，但是由于线性插补采用的是逼近的方法进行加工，在实际生产时会带来许多不便。高档商品化数控机床通常采用曲线插补的方法去解决线性插补过程中出现的各类问题，但由于具有此类功能的机床大部分实行对华禁运，再加上其实现方法难以获得，故为打破其技术封锁，深入研究数控加工曲线插补方法实现技术意义深远。由于 CNC 机床机构的多样性导致 CAM 与 CNC 并不能无缝集成，CAM 软件产生的刀路需要通过与其相对应的后处理器处理后才能被机床识别，进而按照设定好的刀路进行加工，尤其是对于那些本身不具备刀具补偿功能的 CNC 系统，当刀具尺寸改变时，需要重新返回 CAM 系统内生成刀路或者重新对刀，此外在加工的过程中，由于刀具会产生磨损使其并不能完全按照预定好的路线进行加工从而产生误差，故对于具有前瞻补偿功能的通用后处理器技术的研究也是十分必要的。现今基于 PC 机的运动控制器已经广泛的进入工厂企业，导致了传统数控设备供应商的系统逐渐被运行在廉价的标准硬件、使用标准的操作系统、面向软件的自动化系统所替代。由于开放式数控系统对于实时性和本身性能有着十分高的要求，研究可以被国际广泛接受的通信接口、伺服驱动设备以及符合数控实时性要求的操作系统是十分重要的。

1.2 开放式数控系统的产生及研究现状

1.2.1 开放式数控系统的历史背景

数控技术在制造业中具有十分重要的地位，随着德国工业 4.0 以及《中国制造 2025》的理念提出，传统系统由于其结构的封闭性，目前不能满足现今需求日益强烈的“面向任务和订单“的生产模式。其次，由于《中国制造 2025》以及德国工业 4.0 所提出的“网络—信息”物理系统网络（Cyber-Physical Systems）内的四大主题“智能生产”“智能工厂”“智能物流”以及“智能服务”对数控系统其结构的开放性以及可重构性有了极其高的要求。其中，智能数控机床 CPS 模型如图 1–2 所示。

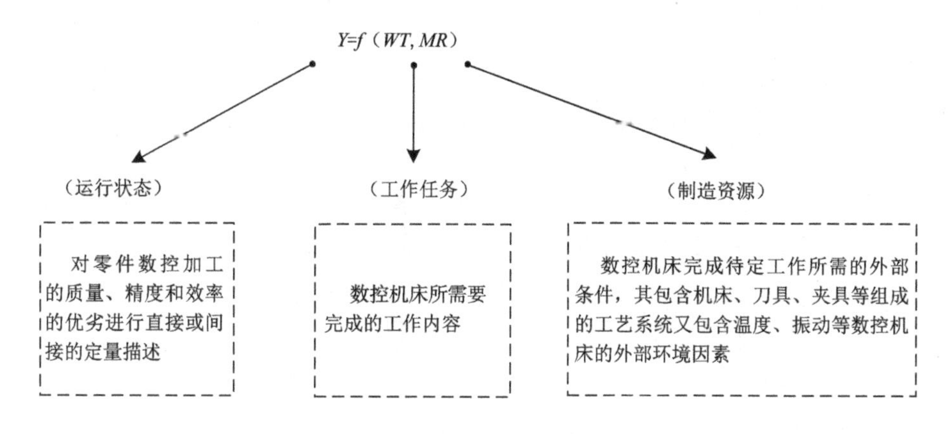

图 1–2 智能数控机床 CPS 模型

基于此，CNC 除了具有可重构性和互交换性等基本开放特性外，还应该具有将加工监测系统与各类传感器所获得的数据及时地进行处理反馈与传输的能力，从而最终实现“智能制造”新模式。为了实现上述目的，数控系统的开放技术成为了最有效的途径，这使得组成数控系统的各个要素都可以按照一定的规范，按需自由的进行组成，进而获得更高的生产效率，优化产品质量，提高生产信息共享程度。

关于开放式数控系统的研究，起始于 20 世纪 80 年代，然而目前国际上还并未出现一个共同的标准。关于开放式控制系统，IEEE 对其定义如下“开放系统具有如下特性：符合系统规范的应用可运行在多个销售商的不同平台上，可与其他的系统应用交互操作，并且具有一致风格的用户交互界面。”考虑到开放式数控系统的应用需求，开放式数控系统具有以下基本特征，即可移植性（Portability）、可扩展性（Expandability）、互操作性（Interoperability）、可伸缩性（Scalability）以及互交换性（Interchangeability），以上特性作为衡量数控系统开放程度的标准。

1.2.2 开放式数控系统的研究现状

数控系统的核心组成部分是运动控制器，随着《中国制造 2025》以及德国工业 4.0 的概念逐步推行，以及数控机床的柔性与通用性在制造业技术领域中日趋重要，各国相继对控制器的开放性展开了研究。

日本 Open System Environment for Controller（OSEC）项目是由日本三家机床制造商“东芝机器公司”“丰田机器厂”“Mazak 公司”和“IBM”，“三菱电子”两家信息公司以及“SML”控制器制造商共同发起的。OSEC 主要定义了日本国内的开放式系统，其主要特征之一为，通过应用程序去实现每一个模块化的软件结构。OSEC 体系结构如图 1-3 所示。

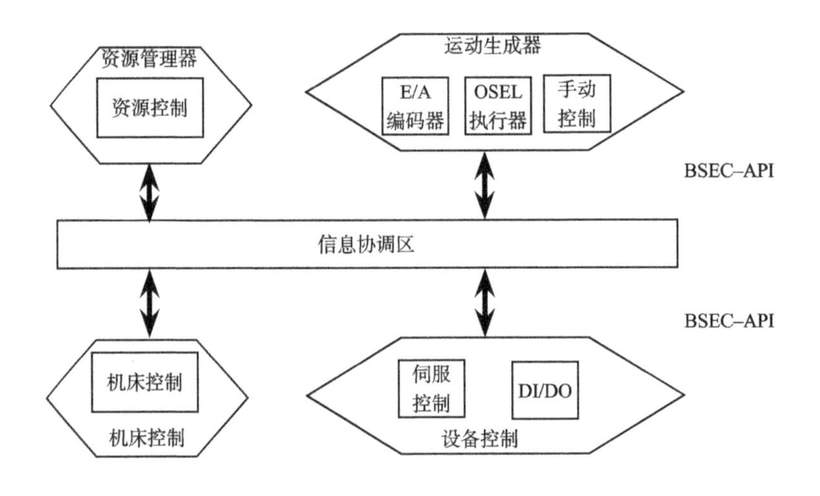

图 1-3 OSEC 体系结构

欧洲 Open System Architecture for Control within Automation System（OSACA）项目，ESPRIT II 发起的对于整个欧洲的开放式控制器研究计划，其通过建立适当的底层结构及其配套控制程序 API，在应用程序中实现开放式数控系统基本特性，使所开发的数控系统摆脱数控系统厂商的限制，增强欧洲机床行业在市场上的竞争力。

OSACA 体系结构如图 1-4 所示，其主要分为三层结构，首先，硬件系统由电气组件构成。其次，软件系统包括通信系统、操作系统、配置系统等。最后，应用软件则在应用程序界面由应用程序（API）控制相应的功能元对象进行工作。

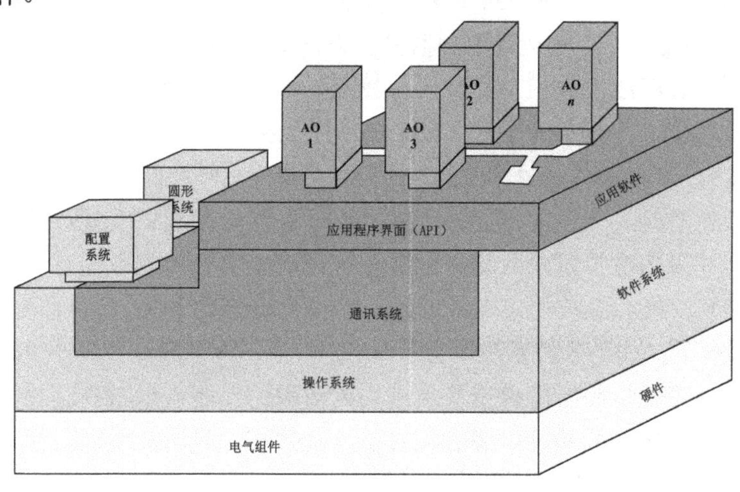

图 1–4　OSACA 体系结构

美国 Open, Modular Architecture Controllers（OMAC）项目是由三大汽车公司：通用、克莱斯勒、福特发起的开放式运动控制器研究项目，其目的是将系统软件开发商、系统硬件制造商、运动控制器最终用户和 OEM（Orginal Equipment Manufacturer）厂商联系起来，建立一个关于开放式运动控制器需求以及实践经验的知识库并且通过与欧洲和日本的用户组协作实现一个通用的 API 标准，进而为开放式数控系统在开发阶段、实现阶段和商品化阶段的过程中出现的所有技术和非技术问题找到一个通用的解决方案。

OMAC 项目采用标准化功能组件建造了类型不同的控制器模块集，从而使数控系统供应商可以按需将必要组件进行集成后，销售给数控机床用户。

美国的密歇根大学通过软件模块的形式实现了传统 CNC 系统中，插补器、伺服控制单元、NC 解释等全部控制功能，并建立基于 PC 机的五轴数控铣床开放式运动控制器 UMOAC。

普渡大学（Purdue University）对于基于 PC 的开放式常规切削力自适应控制、加工过程的多自变量自适应控制、加工仿真建模和实现、体系结构控制器等进行了研究。

不列颠哥伦比亚大学（University of British Columbia）在一个开放体系结构的智能数控平台开发将热变形补偿、刀具磨损检测等需要通过传感器测量的数据放入基于 DPS 的特殊模块中进行处理，从而实现智能加工算法。

此外，加利福尼亚大学伯克利分校（University of California，Berkeley），

德国斯图加特大学（University of Stuttgart），日本东京大学（University of Tokyo）等也都在开放式运动控制器方面进行了大量的研究。

国内学者浙江大学王文、陈子辰教授，采用软件构件的形式将机床运动控制器按功能进行划分并通过 COM 技术开发控制器用专用软构件和基本软构件。其中各类软构件通过标准接口进行信息交互，相互配合完成控制器功能。

北京航空航天大学的陈五一等教授以任务模块的形式实现数控系统的功能单元，并采用虚拟模块系统和配置系统完成整个开放式数控系统各任务模块间的信息交换和系统的集成。最后，将整个系统置于 RT-Linux 环境下实现具有开放体系结构的数控系统原型系统。

武汉理工大学周祖德教授等采用面向对象的机制，以软件芯片为单元实现数控系统相应功能并可以通过配置芯片库按需构建所需要的数控系统，实现了一种基于软件芯片的开放式运动控制器。

哈尔滨工业大学王永章等开发了一种开放式的多轴软数控系统，其数控系统针对机床的插补、接口、HMI 等进行了较为全面的研究。

此外，山东大学张承瑞教授、上海交通大学蔡建国、吴祖育教授、北京航空航天大学郇极教授也都对开放式运动控制器进行了深入研究。

1.3　SERCOS 技术国内外研究现状

SERCOS（serial real time communication specification）接口自 1995 年被批准为 IEC1491 SYSTEM-interface 国际标准以来，在各种数控机械设备中获得了广泛的应用。到目前为止，全球有 50 多个控制制造商和 30 多个驱动制造商提供 SERCOS 兼容的设备并且在全球范围内有超过 3000 万个 SERCOS 节点应用于 50 多万个应用程序当中。SERCOS 接口已经广泛的应用于机床、机器人、自动装配领域、印刷业、塑料加工领域等。1995 年 Rexroth Indramat 公司开发出主动式 SERCOS 控制卡 -SERCOSI，考虑到 SERCOS 初始化过程过于复杂，1996 年出现的 SERCANS 将 SERCOS 复杂的初始化过程进行封装。经过了三年的时间，Rexroth Indramat 公司于 1999 年开发出了被动式 SERCOS 控制卡 -SERCOSII 以及 SERCOS 接口软件驱动器 SOFTSERCANS。之后，于 2000 年开发出 SERCON816 ASIC。目前 SERCOS 所采用的最新版本为 2003 年 SERCOS 组织公布的第三代 SERCOS 计划，SERCOSIII，其采用以太网技术标准并集成 IP 协议来扩展现有的 SERCOS 标准，所有的节点包括控制器、驱动器以及 I/O 不是直接连接到传统的环形拓扑结构上，而是连接到总线拓扑结构上。国际 SERCOS 协会 IGS

（Internet Group SERCOS）为了推动 SERCOS 技术的广泛应用分别于欧洲和美国建立了 SERCOS 资格中心（SERCOS interface Competence Center）并将协会总部设置于德国。截至目前，SERCOS 公司在北美和日本分别建立了两个分会：SERCOS North America（N.A），SERCOS Japan，并积极在中国建立第三个分会，SERCOS，China。

目前，国内针对于 SERCOS 的技术研究相对滞后。北京工业大学和大连机床厂，于 1997 年从 Indramat 公司引进带有 SERCOS 接口的启动器与控制器。哈尔滨工业大学基于 SERCOS 技术与德国研究所共同研制了 DLR-I 智能机器人灵巧手系统。北京航空航天大学通过对 ISA 总线 SERCOS 主站卡以及 SERCOS 主站驱动程序包进行深入研究，使其应用于机器人控制领域上。北京工业大学成立了德国 SERCOS 协会授权的 SERCOS 接口技术资格中心，研制出了基于 SERCOS 接口技术的 LINEERCANS 软件以及数控横切机。目前，国内 SERCOS 接口用户超过 20 家，其中包括华中数控集团，北京航空航天大学，清华大学等著名企业单位。北京工业大学在 2000 年获得德国 Indramat 公司提供的 SoftSERCANS 技术支持后，于 2001 年建立了基于 SoftSERCANS 技术的开放式数控平台。国内学者 HU 等基于 SERCOS 接口技术建立了可以确保实时运动控制数据以最大速度进行传输的 SOE 模型（a SERCOS over EtherCAT）并基于此建立了一个控制数控设备和工业机器人的方法。GUO 等基于 SERCOS 总线技术建立了分布式 CNC 数控系统。李霞提出了一种基于 SERCOS 接口的开放式数控体系，构建了基于 SERCOS 接口的开放式数控体系的软硬件平台。方培潘深入分析 SERCOS 总线传输协议，基于主控制芯片 DSP6713 设计了主站通信接口电路，编写主站同步运动控制器通信接口软件部分提出电流环同步校正方法。许尉滇，付波利用 SoftSERCANS 开发出了实时数据通信软件，并将其应用在开放式数控系统内。

然而，国内对 SERCOS 接口技术的研究大部分依赖于 SoftSERCANS 技术，虽然简化了基于 PC 的开放式数控系统应用软件的开发难度，但是此类软件由于固有特性仍然会限制开放式数控系统整体灵活性。

1.4 参数曲线插补技术研究现状

参数曲线、曲面操行技术在 CNC 领域应用相对滞后，其主要应用与 CAD/CAM 领域内。采用参数曲线插补方法的 CNC 系统可有效减少轮廓逼近误差，从而改善零件的加工质量并对复杂形体零件有着较强的适应性。因此，参数曲线插补功能在数控系统中的实现成为当前的热点研究问题。

Tsai 等采用对刀位点运动控制的 NURBS 插补方法，求解出刀具切触点速度的恒定值，进而解决三坐标球头刀加工 NURBS 曲面问题。Wang、Yang 和 Wright 等以样条曲线的几何特性入手，首先将样条曲线的切矢量进行单位矢量处理后，以泰勒展开法进行插补。Farouki 等利用 Pythagorean hodograph 曲线（PH 曲线）以弧长为曲线参数的特点，提出了一种针对任意圆锥曲线进行插补的方法，该方法旨在使机床的进给速度更加平稳，减小了速度波动率。Matthias 等在机床进给速度恒定的条件下通过计算插补点处的弧长，利用曲线弧长与参数曲线的关系计算当前点的参数值，并以此求出插补点的坐标值进行三维 PH 曲线的插补。Francis 等研究了在曲线光顺插补方法下，相邻线段间如何进行光滑过渡的问题。Tikhon 等通过对恒速参数曲线插补控制方法进行分析，以曲面曲率为依据，对曲线插补速度进行控制实现加工材料的恒去除。Bahr 等根据插补误差所得出的参数分割步长，计算插补点，将立方参数样条曲线应用到 CNC 中，消除了在插补过程中的累积误差影响。以上针对曲线插补的研究集中在三坐标加工领域。

针对于五坐标加工领域，德国 SIEMENS 公司的 SINUMERIK 840D 数控系统均包含了 NURBS 插补器，而且德国 SIEMENS 公司还提出了压缩器的概念，可以对巨量微小直线段指令进行压缩以形成平滑的样条曲线。BEDI 等首先提出将曲线参数在定义域内等分的方法，但是该方法会产生非常明显的插补速度的波动。SHPITALNI 等在严格遵循插补速度与指令值一致的条件下，针对参数曲线提出利用泰勒展开的近似插补算法，但是其缺点是在曲线曲率较大的区域会造成较大的弦误差。SHIUH 等在泰勒展开近似算法的基础上考虑了曲线的几何特性，提出了进给率自适应的弦误差闭环控制 NURBS 插补算法。TSAI 等采用预测—校正算法进行下一个插补点的参数计算。TIKHO 等在进给率自适应的弦误差闭环控制 NURBS 插补算法的基础上提出材料去除率为常数的 NURBS 插补算法。LIU 等以消除速度波动为目的，采用 FFT 方法分析插补点序列中包含的高频及与机床固有频率接近的信号，采用时域的信号处理方法进行处理，使生成的速度更趋于平滑。NAM 等采用牛顿 – 拉夫森迭代法求解复杂的高次方程的思想，将其嵌入至参数曲线插补的前瞻模块，获得了一个可实时绘制考虑加加速度限制的动力学曲线的应用程序。Fleisig 将五次参数样条插值的方法应用于五坐标刀具路径中，对位于单位球面上的方位矢量插值曲线进行实时插补，并以插补周期为时间节点，计算机床目标位置。Langeron 等提出了采用相同参数表示的方位矢量插值曲线和置矢量插值曲线的 B 样条插值算法，并为其建立了对应的插补指令格式。Lo 等采用闭环反馈控制插补过程中的速度与误差补偿，提出一种五坐标实时刀具路径生成算法。

国内学者关于插补算法也进行了大量的研究，张春良等以圆弧函数直接插补算法为基础进行改进，得到的改进算法有着较高的插补精度与运算速度。黄翔等对NURBS插补的特点和技术要点，如实现NURBS插补器的关键技术、NURBS插补过程中刀具路径轨迹的生成方法等进行分析与阐述。帅梅等通过深入研究B样条曲线与Hermite样条曲线的特点提出一种新基样条曲线，并根据该曲线的特性提出“快速递推插补算法”。徐海银等针对于Isophote插补方法和双参数曲线角度插补方法，以隐式曲线数学构造为出发点进行研究。苏红涛等针对于加工中可能出现的反向行程丢失等问题进行研究，并通过规划NC程序各运动段速度倍率，提出一种多轴联动实时插补算法。张伟等通过深入研究泰勒展开公式，提出一种适用于空间参数曲线插补的方法。赵国勇等提出了一种能够柔性控制NURBS曲线直接插补速度的方法，该方法可有效减少机床在加工过程中所受到的振动与冲击，提高了轮廓加工精度。周艳红等针对球头刀在插补中可能出现的加工误差进行分析，并提出一种针对曲面交线直接插补的构想。王幼民等根据次贝齐尔曲线的矢量方程推导出针对于列表曲线加工的三次贝齐尔曲线插补算法。边玉超等通过深入研究德布尔递推算法，提出一种基于该算法的NURBS曲线实时插补算法。廖永进等提出了一种采用参数递推预估与校正，避免对曲线的直接求导和对曲率半径的计算的实时NURBS插补方法。何广忠等通过对最近点进行拟合计算生成NURBS曲线，在此基础上，提出了一种六轴弧焊机器人的实时NURBS路径插补算法。梁宏斌等以弓高误差为限定因素，提出一种进给速度自适应调节的空间非均匀B样条插补算法。陈良骥等根据五坐标数控机床加工，提出一种双NURBS插补指令格式。王海涛等研究了S型加减速算法在NURBS曲线实时插补中的实现方式。张海涛等研究了NURBS曲线实时插补中的五段式S型加减速算法，并根据曲线长度分成7种S型加减速模型进行速度规划。刘宇通过对机床动力学特性进行分析，提出一种基于传动系统动力学的NURBS插补方法。彭芳瑜提出一种满足机床动力学特性的自适应NURBS插补算法。

总体来说，国内外针对于机床参数曲线的插补方法虽然进行了大量的研究，但由于NURBS曲线本身定义决定其弧长不能够精确计算，而以上算法大多都需要提前知道精确的曲线长度才能够进行下去，并且在加工过程中，机床本身的动力学特性会对插补过程中的数据有所限制，而上述算法大多也并未将这些因素考虑。为了获得更平稳的加工、更高的加工效率，研究多因素复合限制的NURBS实时插补方法是十分必要的。

1.5 机床后处理技术研究现状

1.5.1 后处理技术的发展概况

数控加工技术与后置处理技术之间是密不可分的，后处理器作为将刀位文件（CL 文件）转化为机床控制器可以识别的数控文件（NC 文件）的重要接口。自欧美国家开展数控技术以来，国内外学者们开始纷纷对后置处理技术这一热点问题进行研究。

国外的 CAM 软件供应商根据其商业化的需求，推广自己的软件并各自开发出拥有多种产权的后置处理系统。如 UG 软件系统中使用的 UG/POST、Pro/E 软件系统中使用的 PRO/NC 和 MasterCAM 软件系统中所使用的 PST。这些后置系统都具有其独特的后处理能力并且针对的对象也不尽相同。比如，UG 软件系统和 PRO/E 软件系统采取的是可编辑图形交互式的后处理系统，其可以根据不同类型的机床搭配相应的后置处理器并为用户进行二次开发搭建界面友好的平台。MasterCAM 软件则提供了诸多商用系统的标准配置文件，如发那科（FAUNC）、A-B 数控系统、西门子（SIEMENS）数控系统等，其具有很强的针对性。其中有一些 CAM 软件，如 CimatronE 软件、Cnet 软件、CATIA 软件等采用绑定其他专用后置处理器来直接进行后置处理，其中专用后置处理器 IMPost 绑定的就是 CimatronE 软件为其进行后置处理。除此之外，目前市场中还有很多商业化的专业后置处理器，其中在市场上比较认可的是加拿大 ICAM 公司开发的 CAM-POST 后处理专用软件，其广泛的受到波音、丰田等大公司的青睐。此外，其他商用后置处理器还包括美国 Software Magic 公司所研发的 Intellipost 后置处理软件和 CAD/CAM Resources 公司所研发的 NC POST PLUS 后置处理软件等。

国内方面，主要由华中理工大学开发的 HUSTCADM 系统和南京航空航天大学所研发的超人 CAD/CAM 系统以及北京航空航天大学开发的 CAXA-ME。值得一提的是，CAXA-ME 系统是国产第一款完全自主研发的 CAD/CAM 产品。

1.5.2 五轴机床后处理器的研究现状

后处理器作为将刀位文件（CL 文件）转化为数控加工文件（NC 文件）的重要介质。随着目前市场针对于所加工的零件形貌越来越复杂，以及对其加工精度和加工速度的要求越来越高，五轴机床的作用越来越明显。因此，五轴机床的后处理器的研究也成为国内外学者研究的热点。

Takeuchi and Watanabe 提出一种五轴刀具加工路径生成策略并开发一个能够适应 2 种形式的双转台五轴机床的后处理器，其可将加工路径所生成的 CL 文件转换为机床可识别的 NC 代码。Lee and She 建立了一个适用三种类型的五轴机床后处理器，分别为双转台式，双摆头式，转台 / 摆头式。Makhanov 通过研究机床的运动学结构，建立了一个适应于多种机床的后处理器。Sakamoto and Inasaki 根据五轴机床可能出现的配置情况对其进行了分类并建立了相应的五轴机床的后处理器。Mahbubur 等，考虑到由于机床复杂的结构会出现装配误差、准静态误差等导致刀尖位置与实际位置产生偏差，采用 Denavit-hartenberg 方法将刀具位置数据进行修正得到新轴的位置并以双摆头类五轴机床运动学模型为基准建立了实现上述功能的后处理器。Bohez 通过引入五轴机床的主要几何特性和运动学特性，如工作空间利用率以及刀具空间有效范围等建立了五轴机床运动学模型。She 等提出了可以广泛应用于五轴机床的反运动学原理。TUNG 等通过研究切削位置的表达式以及动力学转换算法，对一个特殊的六轴机床建立了后处理器。

国内学者，吕凤民等针对德玛吉 DMU 70V 加工中心，采用 UG/Open GRIP 建立了一个可以针对 UG、Pro/E 和 NREC 三种常见 CAM 软件生成的刀位源文件进行后置处理的后处理器。魏保立和魏冠义在商用软件 MasterCAM9 的二次开发平台支持下，对其后处理模块进行扩展，使其适用于配有西门子 SrNUMERIK802D 的两种数控铣床。邓奕等同样基于商用软件 MasterCAM，针对 MV-610 数控加工中心，建立了专用后置处理器。马海涛基于 Pro/E 所生成的刀位源文件，针对六轴并联机床开发出其专用后置处理器。赵世田等针对德玛吉 DMU 70EV 数控加工中心，采用 TCL 语言对 UG NX 的后置处理系统进行了二次开发，得到了可以转换三轴刀轨和五轴刀轨的后置处理器。孙国平采用 UG/Post Builder 工具，针对德玛吉 DMU 50V 加工中心的结构形式建立了相应的后置处理器。黄刚和唐清春以 Visual Basic6.0 作为开发平台，针对于 XH715D 四轴统削加工中心建立了可以识别 UG 生成的刀位源文件的后置处理器。胡乾坤等以 VC6.0 作为开发平台，针对于 MODIMILL 4L 切削加工中心开发出可以识别 CATIA/CAM 生成的刀位源文件的 CMSPP 专用后置处理软件。周莹君等通过深入研究 UG 后置处理过程，以 Visual Basic6 为开发平台建立了 TJPP 后置处理软件。邱立庆等通过 VC++6.0 开发平台所提供的基础类库开发出了可以应用于发那科、西门子等数控系统并能够处理 UG 或 Pro/E 生成的刀位源文件的通用后处理器。陈晨等基于华中数控系统的特点，在 VC6.0 开发平台上建立了可广泛适用于华中多种类型数控系统的通用后置处理器。禚新伟针对几款特殊数控机床采用 VB 与 Access 数据库相结合的方式开发后置处理系统，然而该处理器具有较大的局限性。

以上所提到的后处理器都是针对某一款或者某几款、某几类机床进行后置处理器的开发，当在实际加工中出现不同机床对同一零件进行加工时，需要对其进行多次的后处理工作。

1.5.3 基于后处理的刀具补偿技术研究现状

刀具半径补偿功能是现代计算机数控系统应具备的重要功能之一，国内外学者针对五轴数控加工中刀具半径补偿技术进行了大量研究并且在国外的一些商用数控系统中已经进行了应用。

国内学者黄秀文等首先分析了球头刀在空间中的半径补偿原理及补偿矢量，然后针对双转台式五轴机床，开发出能对球头刀半径进行补偿的专用后置处理软件。国内学者梁全等针对于五轴数控机床，开发了能够生成带有刀具半径补偿信息的数控程序后置处理软件，解决了 UG 软件无法生成带有空间刀具半径补偿信息的数控加工程序这一问题。洪海涛等针对于双转台五轴机床，通过研究不同类型刀具补偿矢量计算方法，开发出可以输出补偿矢量信息的专用后置处理程序。以上研究都是针对于带有五轴刀具半径补偿功能且支持刀具半径补偿矢量的程序段格式的数控系统。

然而，对于不具备五轴刀具半径补偿功能的数控系统，五轴刀具半径补偿功能需要通过后置处理器来实现。国外学者 TUNG 等首先提出一种适用于特殊六轴数控机床的运动学变换算法并将其运用至两种特殊类型的五轴数控机床上。然后，通过所推倒的刀位点表达式，开发出带有刀具补偿功能的后置处理器。国内学者杨乐基于平面刀具半径补偿方法和空间变换原理，通过将三维空间内的刀位点投影到二维平面对半径补偿方向进行确定从而得出三维空间刀具半径补偿方法，并基于此编制了相应的后置处理程序。陈天福等通过建立空间刀具半径补偿的数学模型，推导出实现刀具半径补偿的算法并编制出带刀具半径补偿的后置处理程序。陈明君等根据空间坐标变换公式和刀具二维半径补偿原理推导出刀具三维半径补偿方法。

然而，在实际加工当中，所使用的刀具与在 CAM 软件中预定义的刀具半径出现不同时，此时必须要重新返回 CAM 软件中重新生成刀位文件后经过后处理才能重新进行数控加工，降低了数控加工程序的可重用性并且由于刀具在加工中会出现诸如刀具磨损这类使刀具半径发生改变的因素，以上算法并没有将其考虑其中进行补偿，从而影响加工质量。

1.6 本课题的来源及论文的主要研究内容

1.6.1 本课题来源

本课题来源于国家自然科学基金重点项目：轿车覆盖件用大型淬硬钢模具高品质加工技术基础及应用（51235003）。

1.6.2 论文的主要研究内容

本文主要研究的是针对实现开放式数控系统相关关键技术的研究。本文涉及的关键技术是指，全软件式数控系统开放技术及软件式模块开发技术、开放式数控系统和数字化智能驱动器的通讯以及驱动技术、NURBS 曲线插补技术、后处理器产品的集成设计技术以及软 PLC 技术等。本书各章节结构如图 1–5 所示，具体研究内容如下：

（1）数控系统开放技术及系统结构研究。通过分析开放式数控系统的软硬件结构，主要针对于目前市面上各类数控接口以及数字驱动设备和实时系统进行对比分析，考虑到 SERCOS 接口作为国际上唯一认可的数据交换接口，故选用 SERCOS 接口作为运动控制接口。考虑到 RTX 实时操作系统可以在不改变 Windows 内核的前提下提供一个附加内核模块，其可以与 Windows 内核一起工作进行实时任务调度与执行，故选用 RTX 实时操作系统。采用 PC 机、通用 Windows 操作系统以及 RTX 实时扩展系统搭建数控系统的软硬件平台，并基于所建立的符合 SERCOS 标准的 SERCOS 服务通道与命令通道摒弃了以往使用商用软件 SoftSERCANS 进行系统配置所带来的局限性，增加了整个系统的开放程度并根据《中国制造 2025》的要求构筑开放式软数控系统的构架与组成。

（2）开放式数控系统插补功能及算法研究。研究数控系统中插补功能并针对高速高精加工中传统的 NURBS 插补算法沿曲线方向进行单一插补时，曲线的弧长与参数之间无精确的解析关系、进给速度又总是受到非线性变化的曲线曲率约束，导致基于 S 型加减速进行 NURBS 插补时，曲线长度的实时计算以及对减速点的预测十分困难，无法获得曲线余下部分的速度约束信息，而且在进行实时插补的过程中可能出现计算负荷过大、导致数据饥饿的现象，影响整个系统的实时性。针对以上问题，提出了一种寻回插补实时算法采用不依赖于曲线弧长的精确计算的正向与反向同步插补的方法。首先，在前瞻插补模块中先对曲线进行逆向插补，确定正反向插补的校验点，以及正向插补所需的相关信息；然后，在实时插补模块中，通过对比校验点的速度，判断是调用逆向插补的数据还是继续进行正向插补，从而实现满足速度约束条件的最优插补。

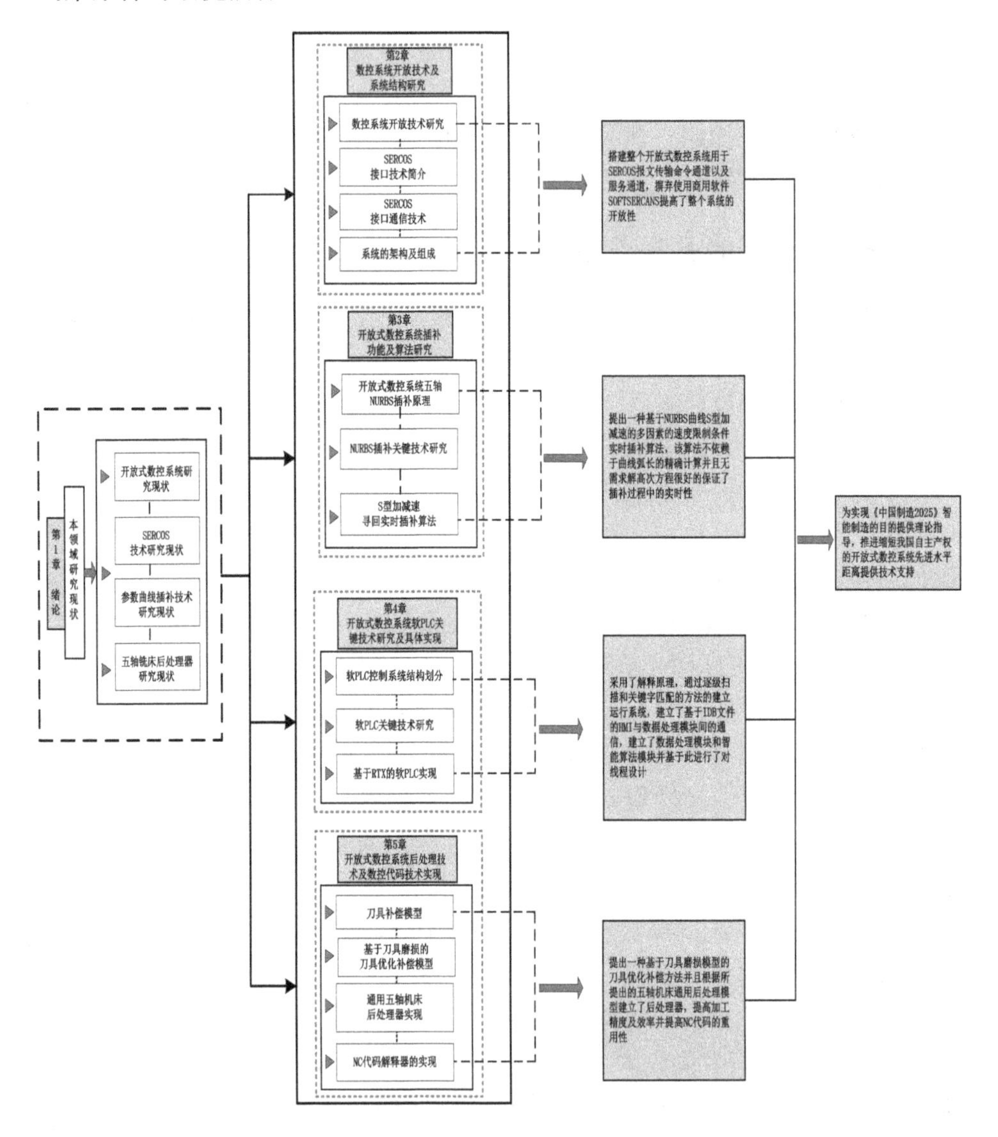

图 1-5　本书各章节结构

（3）软 PLC 关键技术研究及具体实现。采用面向对象技术及模块化的思想，为开放式数控系统建立了用于数据存储的数据处理模块以及用于对数据进行加工分析的智能算法模块。为了防止多个线程同时访问同一共享资源，使数据的读写和进程间有序的执行，对数据处理模块和智能算法模块进行多线程设计。考虑到在进行实验的过程中用户可以根据实验的预期效果动态的调整程序，针对于IDB文件建立HMI模块与数据处理模块间的通讯进行研究。针对翻译型编译原理的软PLC会降低数控系统的开放性与灵活性的问题，对解释型编译原理进行探究，利用逐行扫描，关键字匹配的方法开发能够对指令表程序进行逐行拾取和循环执行的解释型运行系统。

（4）开放式数控系统后处理技术及数控代码技术实现。基于五轴机床结构的多样性以及数控系统间的独立性导致五轴机床的数据补偿困难的问题，首先针对于基于后处理的刀具半径补偿模型进行研究，得出了三种铣刀在进行端铣加工的半径补偿向量。然后，考虑到在实际加工过程中由于刀具磨损会导致实际加工路线偏离预定路线，基于刀具磨损模型提出一种基于后处理技术的半径的优化补偿方法。基于以上理论模型建立一个基于刀具半径优化补偿的五轴通用后处理器并以模块化的思想将所开发的后处理器作为开放式数控系统的后处理模块进行集成，通过开发NC代码解释器进行NC代码的解释完成运动指令的实现。

第 2 章　数控系统开放技术及系统结构研究

2.1　概述

现今基于 PC 机的运动控制器已经广泛的进入工厂企业，导致了传统数控设备供应商的系统逐渐被运行在廉价的标准硬件、使用标准的操作系统、面向软件的自动化系统所替代如图 2-1 所示，尤其是基于 PC 的平台不仅能够简单的集成现售的软件和硬件而且能够有效运行专门的应用模块。对于具有高实时、高性能要求的开放式控制系统，选择合理的运动控制接口，高精度的伺服驱动设备和实时性强的操作系统是十分必要的。

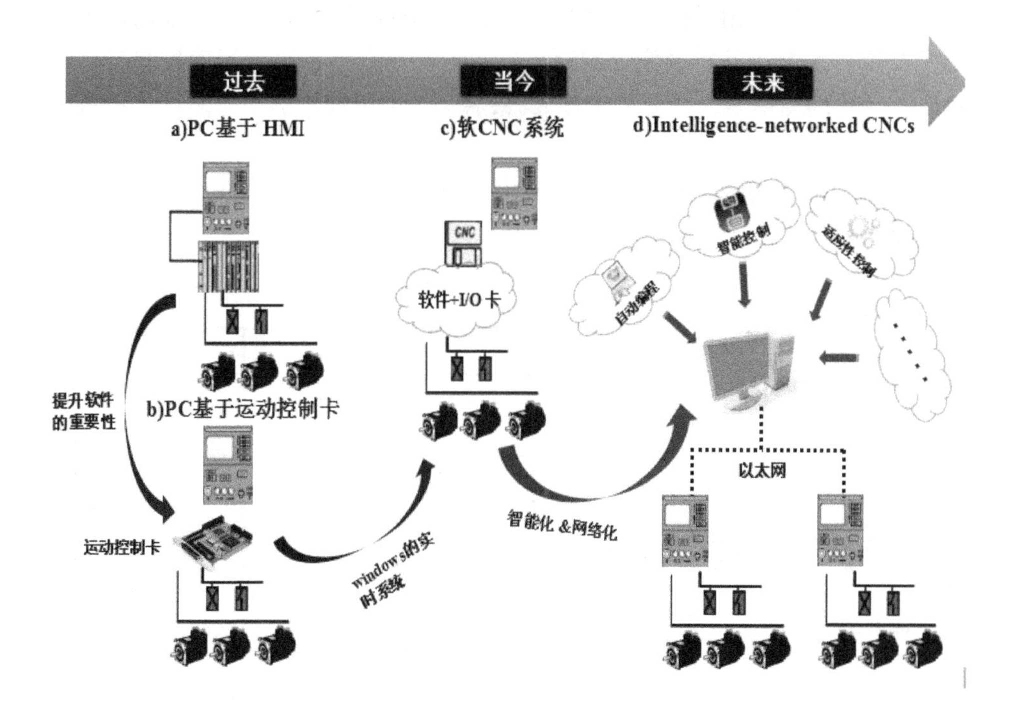

图 2-1　在自动化中使用 PC 技术

本章首先针对实现机床运动核心硬件组成进行了讨论，然后确定合适的数据接口以及软件实现平台。最后，确定系统的总体构架以及组成系统的模块。

2.2 数控系统开放技术的研究

随着计算机数字控制 CNC 于 20 世纪 50 年代出现，数控技术产生了十分巨大的进步。控制器的程序存储能力已经从无内存、仅有纸带阅读器的单元发展到具有网络识别功能的、装有千万兆字节的内存系统。人机接口已经从数码管上跳动的数字显示发展到矩阵式液晶显示器上的全色彩图形显示，把它用到车间编程，可以自动的从图表建立零件程序。代表处理速度的运动控制周期时间已经从亚秒级发展到亚毫秒级，控制精度已经从 1mm 发展到 1um，精度测量已经从人工操作发展到自动计量。

2.2.1 传统控制结构存在的问题

传统的机械控制系统由三个主要的物理部件构成，首先是可以根据应用要求产生及发送运动控制命令的运动控制器，其次是可以从运动控制器接收命令并转化的驱动器（伺服放大器），最后则是可以使机器产生运动的伺服电动机。

传统控制结构的物理部件的内部构成以及它们的关系如图 2-2 所示，其功能块图如图 2-3 所示。

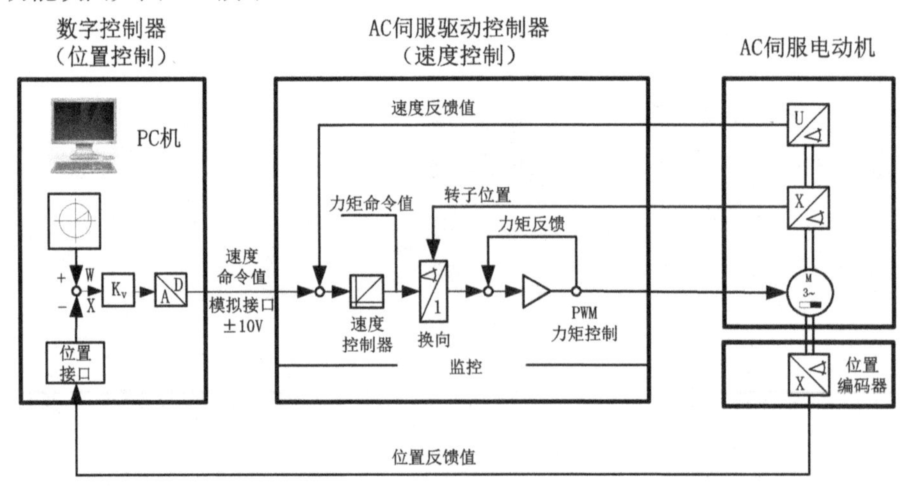

图 2-2 传统控制结构的物理部件内部构成

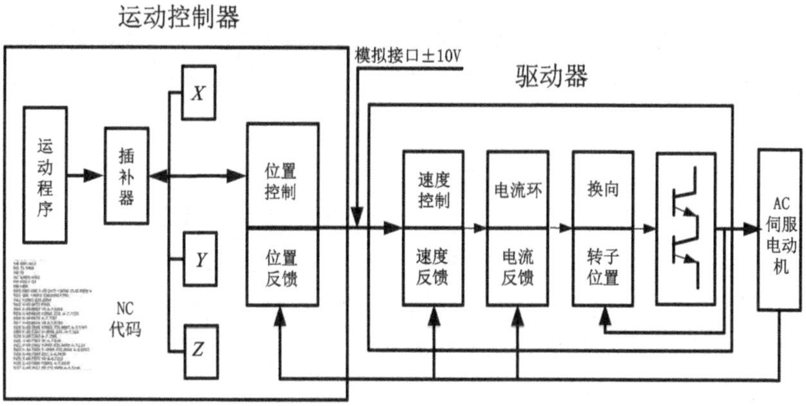

图 2–3　传统运动控制功能块图

根据图 2–3 所示，传统控制结构中的运动控制器内包含着可以细化机器要实现的一连串运动的程序。当驱动器以 1~5ms 的刷新频率进行直线或圆弧插补时，位置环获得在循环速率下各轴的速度和位移微元。随后，位置环将反馈的实际位置与命令位置之间的差值作为速度命令，并将此差值经由模拟接口传送给伺服驱动器。最后，伺服驱动器会将实际速度与速度命令的差值作为力矩命令传递给伺服电动机。

然而，传统控制系统具有很明显的局限性：

（1）硬件的影响。模拟接口无法同时与多个驱动器相连，当数控系统内需要控制多个轴时，由于硬件性能的影响不仅会大幅增加生产成本，而且会使机床本体结构更加复杂。

（2）信息量的限制。模拟接口可以处理的信息量受到了很大的制约，其只能在一个方向上传送一种信息，然而，先进的控制结构已经发展到能够双向的去进行信息的交换，如力矩极限信息、力矩监视信息和诊断信息等，基于此就不得不采取离散信号或者专用接口来传递这些信息，增加了成本并降低了整个系统的开放性。

（3）分布控制困难。分布控制要求设备间支持信号的输入输出、抗噪声能力强、连线距离远等特性。对于大型机器，驱动轴的电动机距离控制器很远，所以必须要拉长许多条模拟接口线和信号反馈线，然而由于模拟接口本身特性，拉长模拟接口线和信号反馈线使得其对于噪声的敏感度更高，大幅影响了分布式控制的可靠性与实用性。

2.2.2 开放式数控系统驱动器设备

为了解决传统控制器的局限性，数字化智能驱动器被引入到传统控制器当中。数字化智能驱动器的出现在数控领域引发了巨大的变革，其有着如下的主要优势：

（1）具有较高的精确性。数字化控制通过定量的方式将传感器采集得到的数据通过定量的方式进行表示，并可采用精确的计算调节系统。此外，数字化控制还具有稳定运行时间长和便于监测、记录等优点。

（2）拥有独立的隔离监控。采用按键作为输入接口，允许操作者可以根据需要或者根据数据采集模块中采集到的相应数据，按照相应的算法在线修改并监视各项数据。

（3）具有大量功能丰富的软件以及库函数。用户可以根据需要，通过集成软件程序或函数库中的操作功能与控制规律实现对电机的控制。

（4）具有良好的可靠性。由于整个控制规律通过微控制器的软件实现并配以复位程序，在电路器件没有损坏的情况下，系统可以维持长时间稳定运行。

（5）故障诊断。当系统在运转的过程中，根据软件中所设置错误标识，可以不间断的对各种错误标识位进行监测。当发生故障时，系统会采用相应的解决方案进行处理，并且可以在上位机界面上显示相应的故障类型。

综上所述，基于《中国制造 2025》的基本指导思想，并根据 IEEE（电气及电子工程师协会）对于开放式系统核心特性的要求，本系统选用力士乐系列数字化智能驱动器作为轴运动的驱动器。

2.2.3 开放式数控系统接口

运动控制接口作为将数控系统 CNC 控制器与驱动器连接起来的载体，有着十分重要的作用。传统数控系统的运动控制接口都采用模拟接口，模拟接口有着简单、被广泛接受等特性，使原始装备制造厂（OEM）可以通过模拟接口集成不同供应商的驱动器和控制器。然而，上文已经对配有模拟接口的传统数控系统的缺点进行了分析。

数字伺服驱动的出现促使了许多运动控制器及伺服驱动供应商摒弃了以往使用的模拟接口，进而去开发适合数字伺服驱动的专有运动控制接口。虽然，这些接口在一定程度上解决了一些问题，但是，其开放性和可移植性仍然受到极大的制约。基于此，数字运动接口为了解决这个问题进入了人们的视野。现如今已经出现了一些成熟的商业化数字接口：

（1）MACRO（Motion And Control Ring Optical）接口。MACRO 接口采取环形拓扑结构将伺服驱动器与伺服电动机串联，并采用串行发送数据的方式进行操作，最高可支持 125Mbps 的传输速率。MACRO 接口采用的是与模拟接口类似的 PDI 调节，并支持分布式的智能化驱动器或集中式控制器。然而，MACRO 接口也有着比较明显的缺点，首先，该接口并非标准接口。其次，该接口只被 Delta Tau 公司和极少数制造商接受，硬件的选择性与受到的技术支持范围受限，严重制约了整个数控系统的开放性、重构性等核心特性。

（2）Fire Wire 接口。Fire Wire 接口是采用标准高速协议构造出类似以太网（Ethernet）的通用接口，其依靠较低的成本和广泛的技术支持在消费品市场内占有很大的份额。除此之外，Fire Wire 接口还具有着较高的数据传送率，支持实时性宽带等优点。然而，Fire Wire 作为一个物理层定义，不同的供应商会按照自己的特点，去定义 Fire Wire 接口的信息内容、数据格式等，这同样也大大制约了数控系统的可移植性、可重构性的核心特性。

（3）SERCOS（Serial Real-time Communication System）接口。SERCOS 接口在 1995 年被国际电工委员会认定为国际标准接口，其主要用于数字控制器与数字驱动器之间的高速串行总线接口和数字交换协议。SERCOS 接口相对于其他接口有着很多显著的优点，首先，SERCOS 选择光纤作为通信介质，大幅提高了对噪声的抗干扰能力，其次，SERCOS 设计了一个环形结构，可以减少系统所需要的组件数量，然后 SERCOS 接口允许选择任何控制器和驱动器供应商的预定义操作，并提供了高度实时性，高精度同步，其以保证光缆环上的所有驱动器在精确的同一时刻按照他们的命令信号采取行动并采集他们的实际位置信息。最后，SERCOS 接口包含了在多供应商环境下的控制器兼容性和操作性所需的全部规定，更具有配置和访问多达 400 多个不同的驱动器参数的能力。

根据上文传统运动控制结构可以看出，传统运动控制结构其位置环与控制器中的插补软件需要被紧紧的集成在一起。然而，SERCOS 接口所连接的数字驱动器将位置环在其内部闭合，减少数控系统控制器的数据处理压力，这使得采用 SERCOS 接口的数控系统可以根据实际加工需要具有更高的灵活性与可操控性。采用了 SERCOS 接口的系统控制结构如图 2–4 所示，其运动控制功能块图如图 2–5 所示。

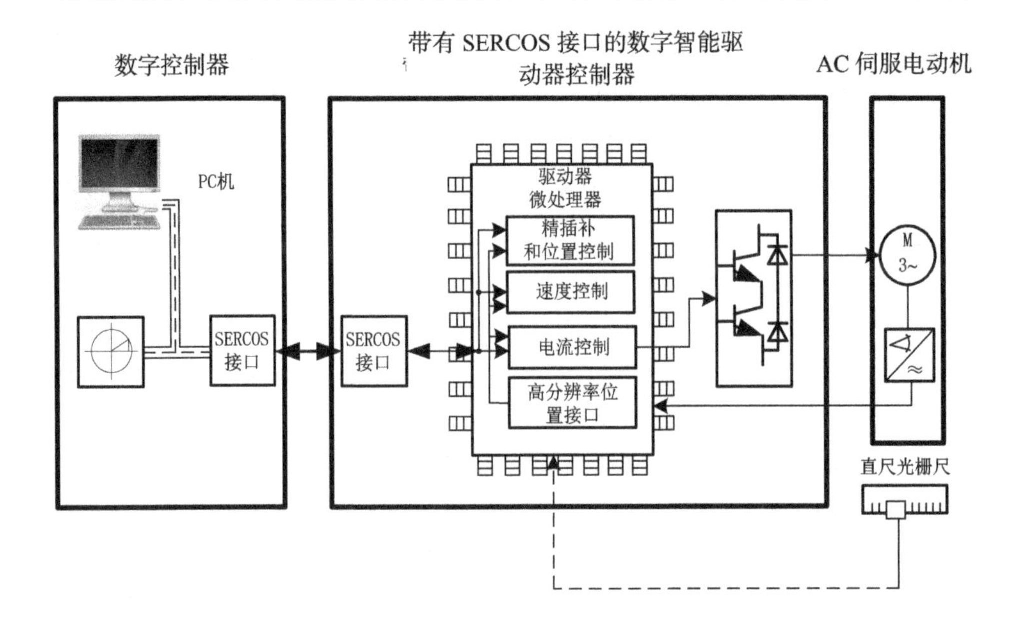

图 2-4　采用 SERCOS 接口的运动控制结构

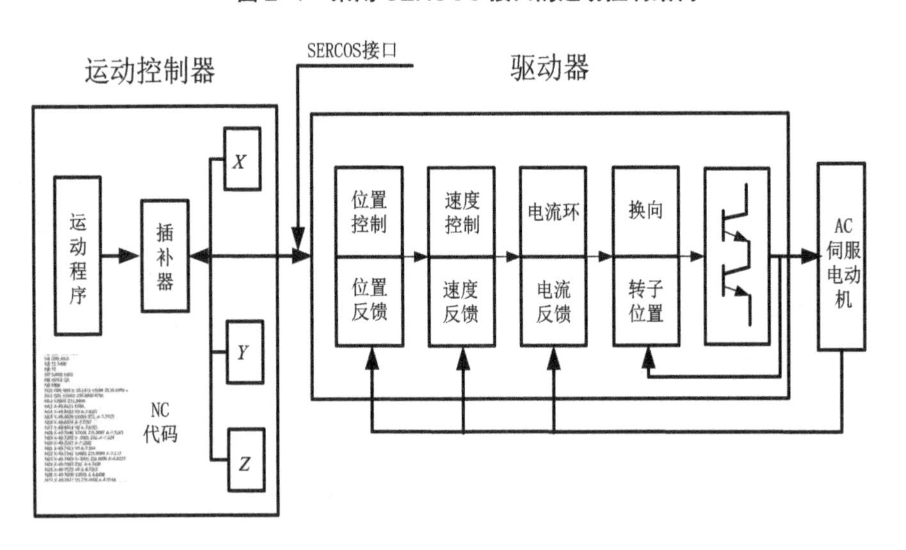

图 2-5　采用 SERCOS 接口的运动控制功能块图

通过上面的分析，我们采用 SERCOS 接口作为整个开放式数控系统的接口，这样可以最大限度的保证整个系统的可重构性、可伸展性等开放特性。

2.2.4　开放式数控系统实时操作系统

数控系统的实时性是衡量整个系统性能的因素之一，对于高档智能化数控系统其实时能力直接决定着其智能算法的实现。本文选用 SERCOS 接口作为整个系统的数据接口，基于其工作原理要求整个系统具有严格的、绝对的响应时间，并且需要确保高优先级的程序可以首先执行以及不被低优先级的程序打断等特性，这些特性都必须要依靠实时操作系统才能够达到。此外，当系统的使用者发现紧急情况需要通过控制台发出急停命令，此时若系统的实时性差不能够对该命令进行及时响应，轻则对设备造成损害，重则危及人身安全。

目前，常见的实时操作系统 VxWorks、C/OS-II、RT-Linux、QNX、RTX 等，其都具备很强的实时性。其中 VxWorks 的衡量指标最为优秀；C/OS-II 以其比较精巧的体积著称；RT-Linux 允许用户对于调度策略进行改写；QNX 支持分布式应用。本文侧重选用 RTX（Real-Time eXtension）作为实时操作系统，不仅因为其具有更强的实时性，而且 RTX 实时操作系统可以与 Windows 平台交互，开发难度将会大幅减小。

首先如图 2-6 所示，RTX 并没有改变 Windows 的内核而是在这基础之上提供一个附加内核。

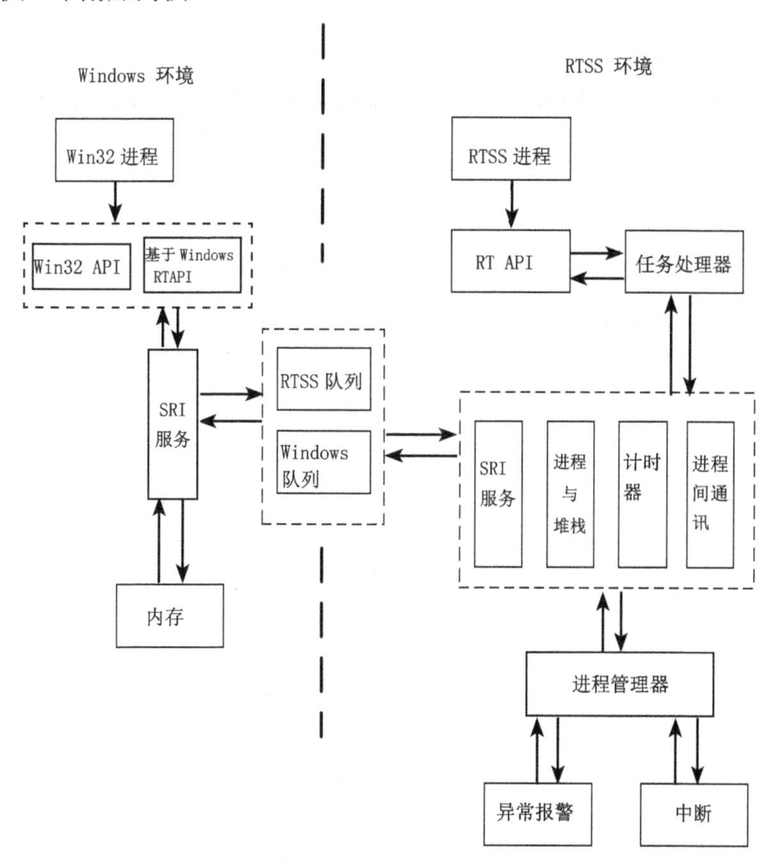

图 2-6　RTX 系统架构

此外，RTX 基于 Windows 良好的可扩展性在其基础上增加一个实时子系统 RTSS。RTSS 与其他子系统类似，但是其不服从 Windows 的任务调度而执行自己的实时线程调度。其次，为了确保线程之间正确的优先级切换，RTX 采用了对所有线程的抢占实时调度。最后，RTX 提供与 Win32 环境兼容的实时编程接口并支持 Win32 的 API。由此可以看出，将 RTX 作为整个数控系统的实时操作系统，我们可以最大限度地利用 Windows 操作系统的开放性特征，而且 Windows 经实时扩展后，数控系统所要求的实时性能也能获得充分的保障。因此，本系统采用 Windows+RTX 作为开放式数控系统的操作系统。

2.3 SERCOS 接口通信技术

2.3.1 SERCOS 接口技术原理

SERCOS 接口通信是通过光纤，将主站（Master）以及若干从站（Slave，数字伺服驱动器或 I/O 模块）串行连接进行相关信息的交换以及任务分配的环形网络，如图 2–7 所示。

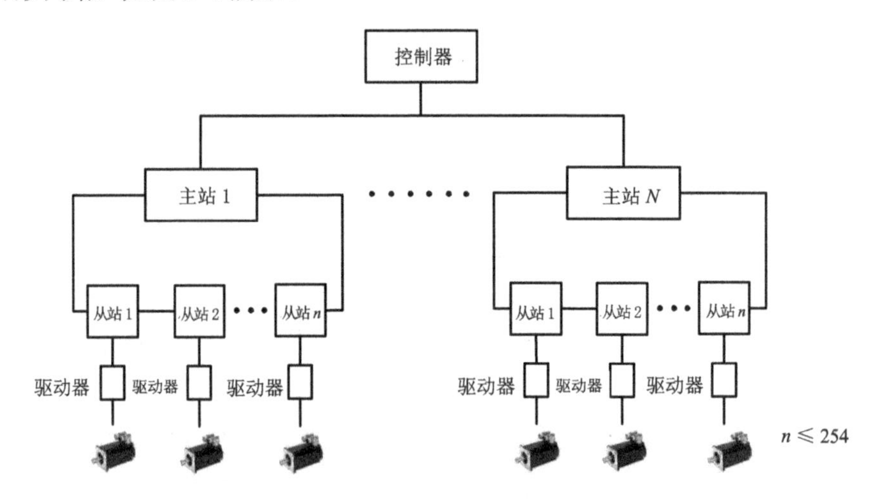

图 2–7 SERCOS 环拓扑结构

SERCOS 接口允许采用灵活的数据传输设定，使用者可以根据自身的需要选择一个周期内发送和接受的数据类型和数量。SERCOS 接口支持多种控制模式进行数字控制器与数字驱动器之间的通信。控制模式的选择主要通过设定标准参数和产品参数（S\P 参数）进行选择的，其中 S\P 参数均存储在驱动器等从站内，故也可称为驱动器参数。

SERCOS 接口处理的所有操作数据都有一个唯一确定的 IDN（参数编码）与之对应。每个操作数据都包含一个为其提供附加信息的数据块，数据块结构如表 2-1 所示。

表 2-1 数据块结构

元素 1	元素 2	元素 3	元素 4	元素 5	元素 6	元素 7
IDN（必要）	名称（可选）	属性（必要）	单位（可选）	最小值（可选）	最大值（可选）	操作数（必要）

SERCOS 接口在进行读写数据时都是通过 IDN 来寻址的，每个 IDN 作为 16 位二进制数字在报文中进行传送，操作属性可以智能的表达各种操作数，其包含了智能显示操作数所需要的全部信息，操作数有 4 种长度分别为 2、4、8 字节以及变长 65532 字节。

SERCOS 协议通讯数据报文采用高级数据链路控制规程国际标准（HDLC），如表 2-2 所示。

表 2-2 SERCOS 通讯协议

管理段		用户数据	管理段	
报文边界符	地址段	数据段（可配置长度）	帧校验段	报文边界符
01111110	8 位	8 位 *n(n=1,2...)	16 位	01111110

其中数据的地址段、数据段、帧校验段称之为有效数据，地址段和数据段定义取决于数据报文类型。在光纤环上，SERCOS 协议定义三种数据报文：

（1）主站同步报文 MST（Master Synchronization Telegram）。由主站在每个工作周期开始时广播，作为每个传输周期光纤环中的时序同步信号。

（2）驱动器报文 AT（Axis Telegram）。由各个从站（驱动器）分别将多种伺服信息实时反馈给主站，如伺服轴实际位置、实际转速、实际扭矩、报警信号、诊断信号、状态应答信号、伺服参数以及 I/O 模块的采集输入等。

（3）主站数据报文 MDT（Master Data Telegram）。由主站向从站发出的控制指令，如位置指令、速度指令、扭矩指令、控制方式以及 PLC 的输出等，在同一个周期内规定的时刻发送一次。

SERCOS 接口在进行与数字驱动设备以及 CNC 设备进行通讯需要经历初始化的工作，考虑到整个系统的开放性故采用以 VS2012 作为开发平台，基于 SERCOS 的工作原理和相关数据、报文结构进行接口的初始化工作。

SERCOS 接口在进行初始化过程中主要经历 3 个通讯阶段，首先是不进行任何过程命令、参数命令的初始化阶段（通信阶段 0、1），在这个阶段内需要检查整个光纤环是否闭合，然后根据拓扑顺序依次扫描并识别驱动器 IP 地址并将其激活，以上两个阶段可以由 SERCOS 接口所配套的被动式 PCI 通讯卡，SERCANS，自动完成。之后 SERCOS 将允许与环内的驱动器进行通讯（通讯阶段 2），此时需要将相关驱动器的配置参数（S/P 参数），以及整个 SERCOS 接口的产品参数（P 参数）通过报文的形式传递给光纤环上的各个从站以及主站。考虑到在数控系统内，作为产品的使用者如果可以更方便的掌握组成整个机床的硬件信息以及硬件配置的相关参数将能更方便的在现有设备的基础上进行更新以及扩展。本文建立了一个基于 SERCOS 接口，能够方便读写整个光纤环上硬件的双向数据流传输服务通道。

2.3.2　SERCOS 接口服务通道的建立

基于 VS2012 平台的服务通道的建立，本质上是建立数据与内存间的数据交换通道，因为 SERCANS 会以周期为 1ms 的频率去检查相应内存是否有新的参数命令需要被执行。服务通道的构架应该由以下元素组成，分别是标志着各个参数的 ID，所传输数据或列表的实际长度以及最大长度，包含参数数据信息的数据块，控制 SERCOS 执行访问类型的控制字信息，包含参数属性信息的属性值以及错误信息，整个服务通道的架构如图 2–8 所示。

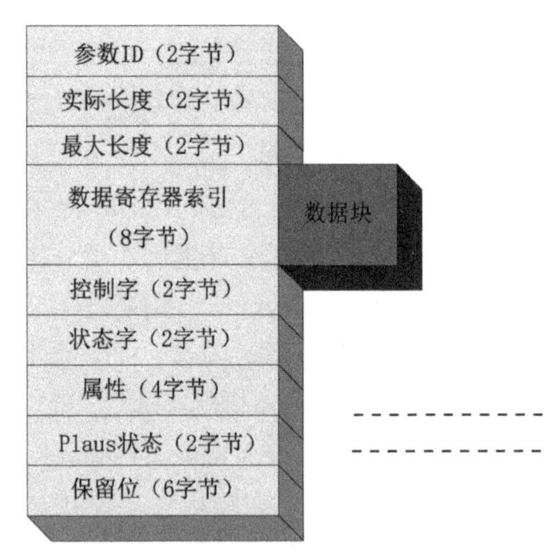

图 2–8　服务通道架构

参数 ID 的数据结构如图 2–9 所示。

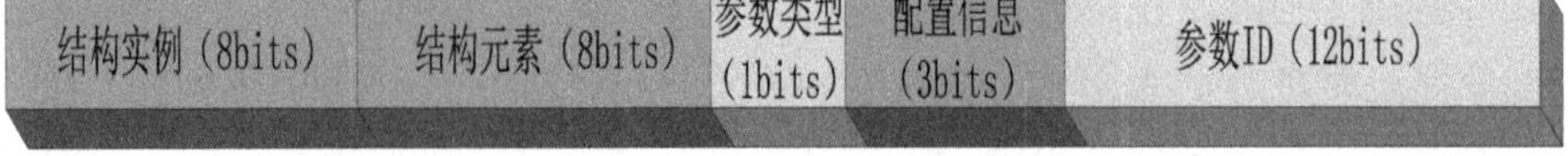

结构实例（8bits）	结构元素（8bits）	参数类型（1bits）	配置信息（3bits）	参数ID（12bits）

图 2–9　参数 ID 结构图

其中包含参数 IDN 信息，参数类型、配置信息，以及针对于每一个类型参数下的特征参数信息（EIDN）。由于服务通道完成了数据的双向读 / 写并可以在这基础上将驱动器等硬件信息和配置参数分别提取放入一个便于存储的双向链表结构当中，这样用户就可以根据自己的要求随时调配和检查所配置的硬件信息或者进行硬件的更新。本质上服务通道的读与写并没有太大区别，故以服务通道写参数为例，基于 VS2012 平台进行编程如附录 1 所示。

通过服务通道完成初始化操作流程图如图 2–10 所示。

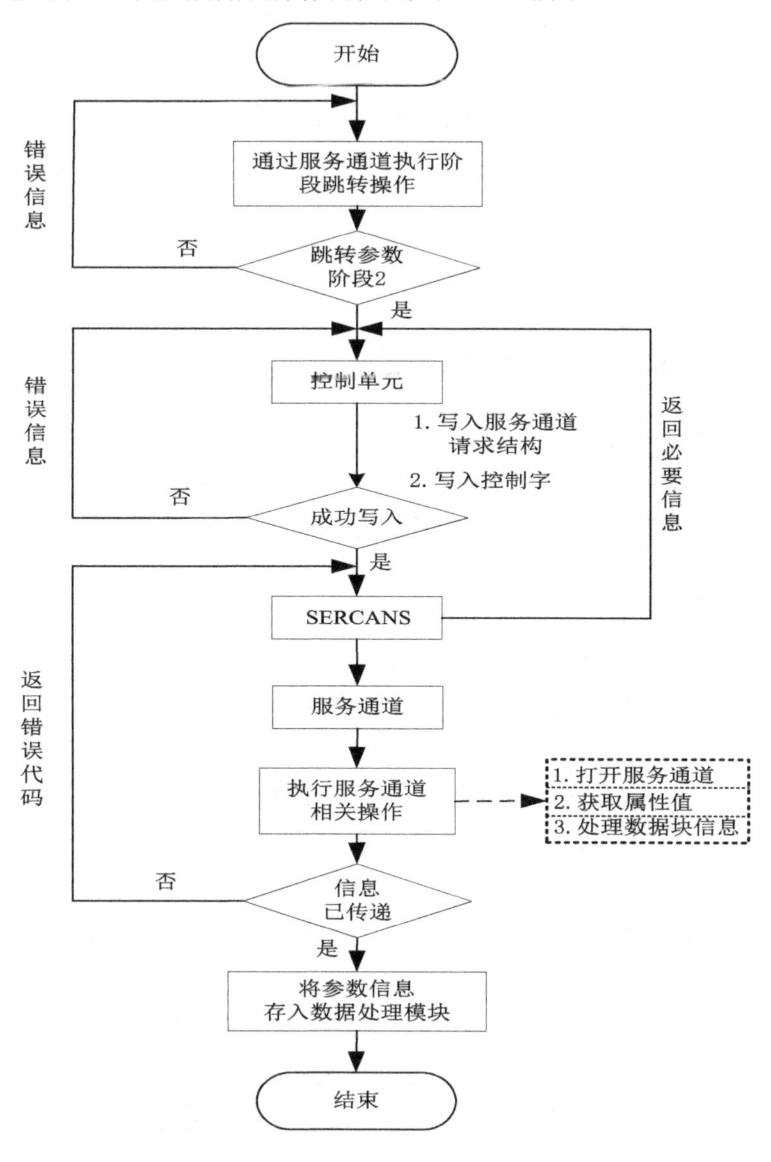

图 2–10　通过服务通道执行初始化操作流程图

首先，控制单元通过服务通道将阶段跳转指令“P-1620.0.3”的值写入，请求跳转至通讯阶段 2。当 SERCANS 检查整个光纤环是否闭合以及根据拓扑顺序依次扫描并识别驱动器 IP 地址并将其激活后，跳转至通讯阶段 2。其次，控制单元向服务通道请求相关配置参数数据写入，当请求得到应答后将相应的参数如“P-0-1650.1.1，连接配置”，“P-1650.1.2，连接序号”等的值写入。当所需参数的值被成功写入时，其通过服务通道将此阶段写入的参数属性值以及数据块信息通过服务通道存储至数据处理模块中。最后，结束初始化操作并等待指令进入通讯阶段 4。

2.4 SERCOS 接口驱动技术

2.4.1 SERCOS 接口驱动原理

当完成 SERCOS 接口初始化后，只是对于光纤环上的主站以及从站完成了基本的参数设置，还不能够进行如过程命令的传递。SERCOS 对于类似命令有着特殊的要求。

当完成 SERCOS 接口初始化后，只有当进入到操作模式（通讯阶段 4）的时候过程命令才允许被传递。使 SERCOS 进入到通讯阶段 4 的方式非常简单，当对于 SERCOS 以及驱动器的相关参数配置完毕后，只需要通过服务通道配置参数指令就可以通过 SERCANS 跳转到通讯第四阶段，整个通讯阶段的转换流程图如图 2–11 所示。

然而，此时虽然诸如过程命令这样的命令允许被传递，但是由于 SERCOS 本身的特性，过程命令的触发形式与同步有着特殊的要求。

首先从 SERCANS 与数控单元（NC）的同步时序来说，SERCANS 与控制单元通过 PCI 中断的方式进行触发。在 SERCANS 与 NC 分别具有一个寿命计数器，当实际命令值或者过程命令被复制到内存后，SERCANS 的寿命计数器加 1。NC 寿命计数器则在每一次 SERCOS 循环内递增。SERCANS 总是会在命令结束后去比较两个计数器是否在允许的范围内，来判断该项命令是否被执行，其原理图如图 2–12 所示。

SERCANS 引入了一个类似“门”的概念，每当有新的命令值需要被写入的时候，都需要及时的去触发 SERCANS 的生命计数器，根据此，SERCANS 对于操作系统的实时性具有很高的要求。基于此，根据上文所介绍的 RTX 实时系统进行 SERCOS 命令通道的搭建。

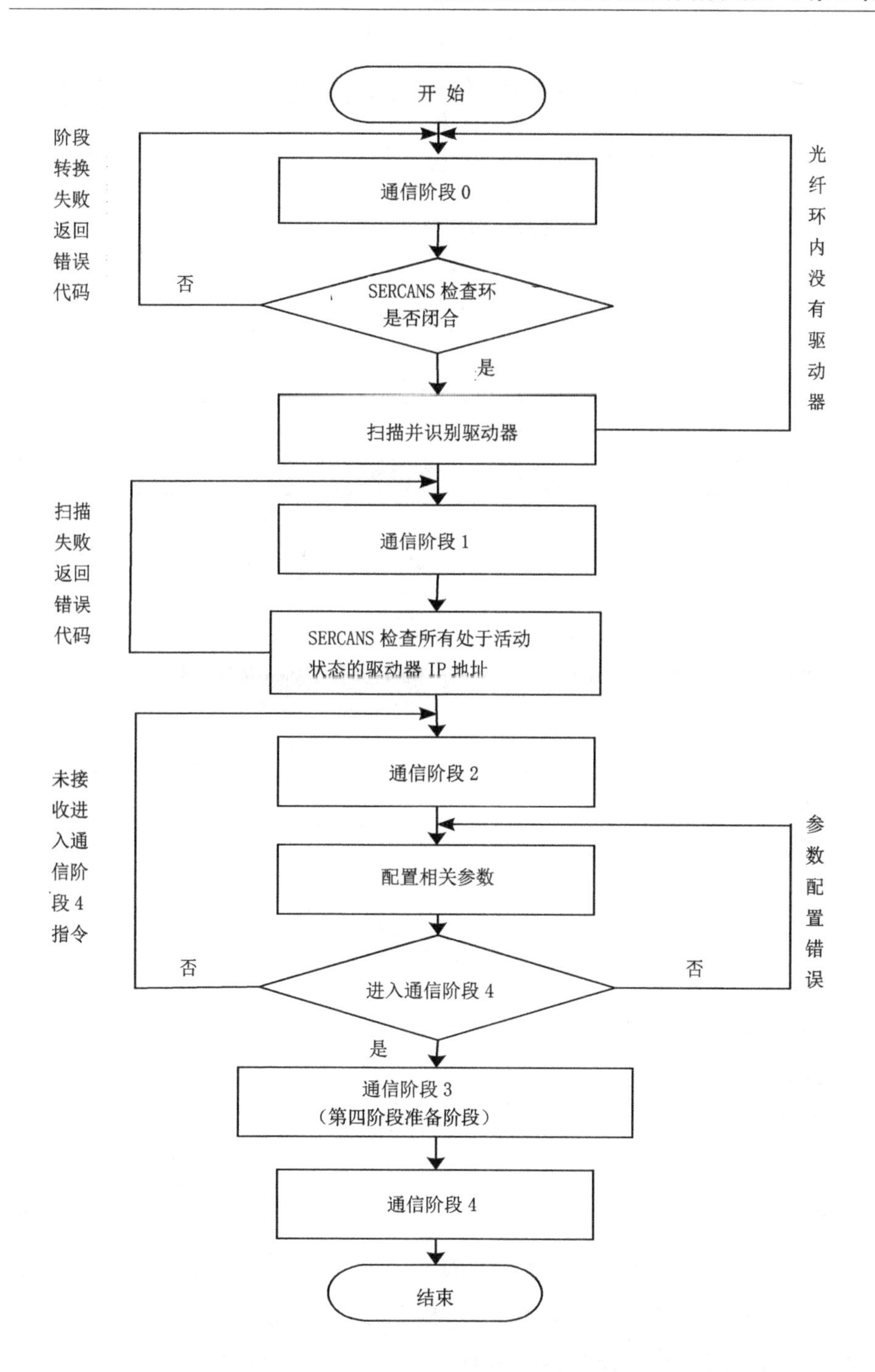

图 2-11　SERCOS 通讯阶段转换流程图

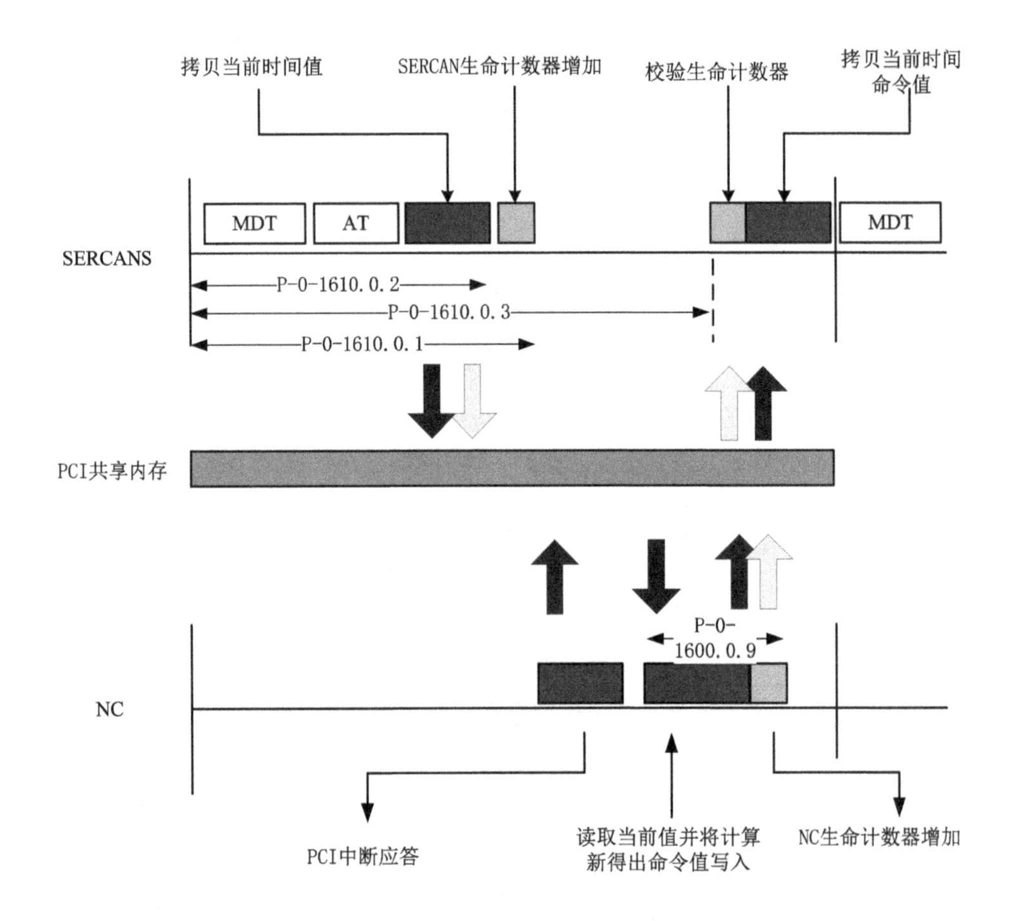

图 2-12　SERCANS 时序原理图

2.4.2 命令通道的建立

命令通道是基于 VS2012 以及 RTX 实时操作系统下共同建立的，当在 RTX 环境下建立了“门”程序后，向驱动器发送运动指令就类似服务通道写服务参数那样，由于运动指令或者过程命令都是双向进行传送的，如果加工中，整个系统可以在执行运动指令前进行前瞻预测或者在运动指令执行中根据所反馈的实际运动信息，按照相应算法对运动参数进行适当调整，零件的加工质量和加工时的稳定性将会提高。基于此，本文根据所建立的命令通道，将命令通道双向传输的命令指令分别放入用于数据存储的数据处理模块中，从而为智能算法模块提供数据支持，数据处理模块存储此类信息采用双向链表存储结构，其结构示意图如图 2-13 所示。

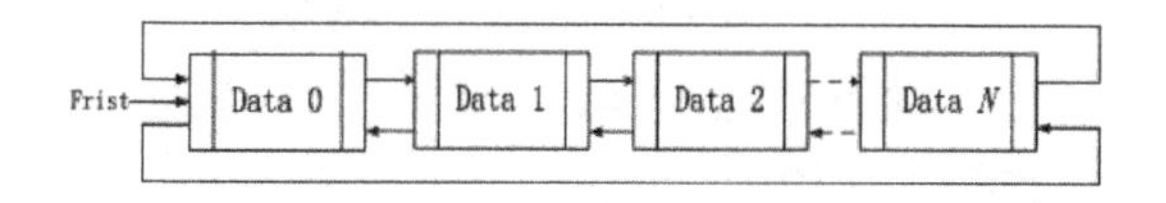

图 2–13　双向链表结构图

链表是一种动态结构，可以用来表示顺序访问的线性群体，其优点在于便于数据的插入以及删除，对于需要大量进行数据存储与插入的程序中，效果十分明显。

当系统执行运动指令的时候可以根据相应的运动数据或者对其他反馈装置得到的信息进行分析，按照一定算法智能的修改运动参数。数据处理模块以及智能算法模块将在后文进行介绍。

基于 VS2012 平台编写的命令通道函数如附录 2 所示。根据命令通道进行运动参数读写的工作流程图，如图 2–14 所示。

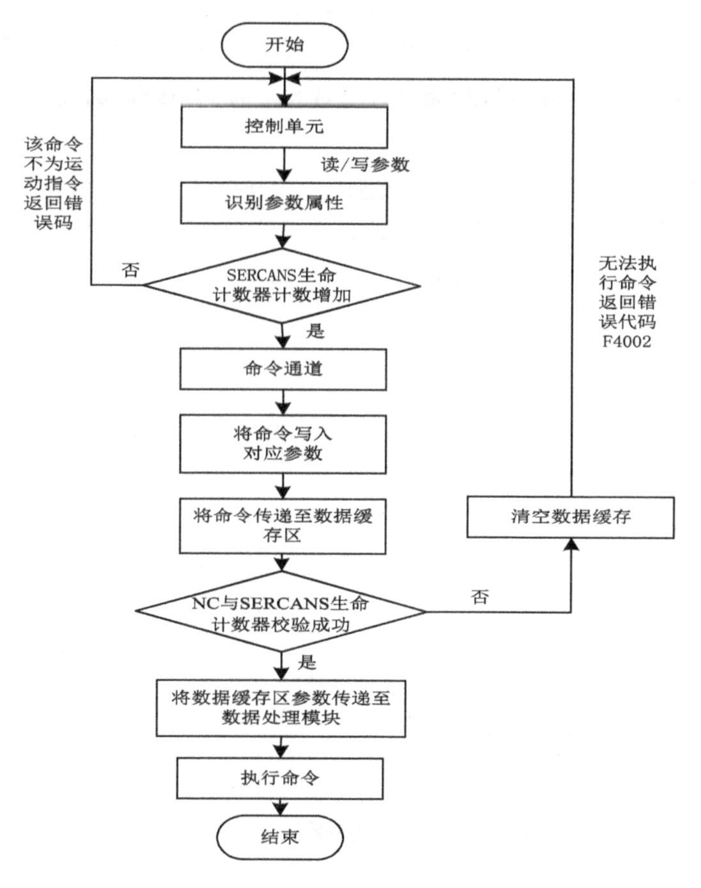

图 2–14　根据命令通道进行运动参数读写

首先，控制单元在通讯阶段 4 将需要读写的参数进行写入，若该命令为运动指令则 SERCANS 生命计数器增加，此时通过命令通道将该参数命令值写入到对应参数内并存储于相应的数据缓存区内。然后，SERCANS 需要判定 NC 生命计数器与 SERCANS 生命计数器的差值是否在一个合理的范围内，若为否则返回相应错误代码 F4002，若为是则将此命令值传递至数据处理模块并执行该命令。

2.5 系统的组成及构架

2.5.1 系统组成

模块作为模块化的全软件型开放式数控系统的基本构成单元，就目前来讲还没有划分统一标准，所开发的数控系统开放性受到模块粒度的影响，模块粒度过小，虽然会增加数控系统的开放程度，但是会增加整个系统的负荷降低系统运行效率。反之粒度增大，开放性会相对下降。因此，本文采用适中的原则划分系统各模块。

本文将数控系统所需要的模块进行分解并按照模块功能进行层级划分，通过面向对象的方法，分析通用数控系统功能。本文所提出的开放式数控系统由以下几个基本功能模块组成，模块之间采用标准接口进行交互，如图 2-15 所示。

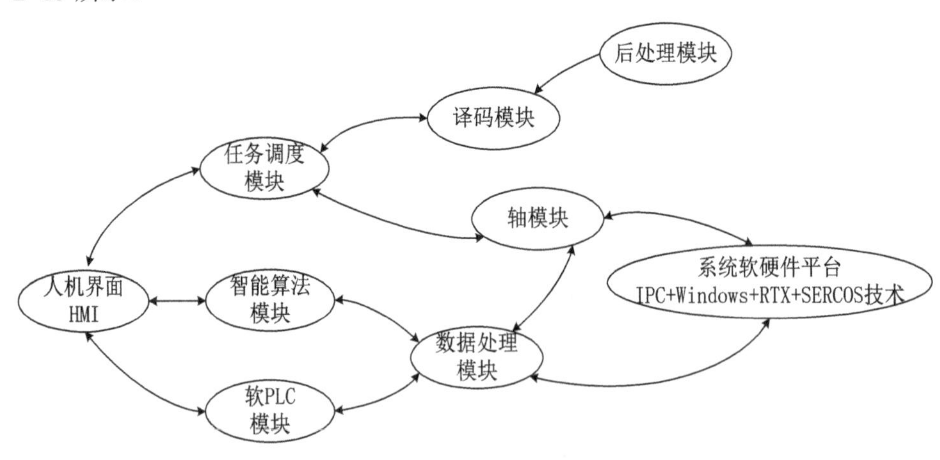

图 2-15 开放数控系统模块化结构

（1）人机接口（HMI）。实现数控系统内部与操作人员之间交互和信息交换，主要负责系统运行前相关必要参数的设定，如对 SERCOS 光纤环进行必要参数配置、数控加工程序编辑、坐标偏置设定等，以及在系统运行中对传感器的反馈信息和错误诊断信息等进行显示。

（2）任务调度模块（Task Scheduling）。按照相应的需求，进行系统内各项任务分配，以及协调或调度系统内各模块。

（3）译码模块（Decoder）。主要是针对于加工程序按照一定的语法进行检查，然后分离各种所需要的加工信息生成驱动器或者 I/O 模块可识别的运动段指令和逻辑控制指令。

（4）后处理模块（Post Processor）。主要针对于通用刀位文件，如 UG 生成的 CLS 文件生成控制器可识别的 NC 代码程序文件，并在此基础上可以针对刀具半径进行智能化前瞻补偿。

（5）智能算法模块（Algorithm）。主要对所建立的服务通道、命令通道所传递的数据或者由 PLC 反馈的相关信息进行分析，根据提前编译好的算法针对诸如运动指令等进行智能化修正后，传递给轴模块。

（6）轴模块（Axis）。针对由 SERCOS 命令通道传递的运动指令或过程命令进行响应，同时读取外部反馈信息。

（7）数据处理模块（Data）。将轴模块以及 PLC 所反馈的各响应信息进行存储，并依据所开辟的相应通道对相关数据进行数据传递交换。

（8）软 PLC 模块（SoftPLC）。软 PLC 模块分别由软 PLC 运行系统与软 PLC 开发系统组成。软 PLC 运行系统负责通过对内部状态量和外部输入进行布尔运算，将所得到的结果进行输出控制外部设备或内部状态量，并且通过与运行系统交互的人机界面将系统内所传递的如开关量、输入量、输出量等数据进行显示。软 PLC 开发系统主要负责建立具有一定逻辑控制关系的指令表，使运行系统可以针对指令表进行解释来实现对系统的控制。

2.5.2 系统构架

基于前文的分析与讨论，本文建立了基于 PC-SERCOS 的开放式数控系统总体构架，如图 2–16 所示。

本文所采用的系统构架为层级式构架，主要分为三层首先为感知层，主要负责机床各类信息的采集和将用户所需必要信息进行显示以及执行相关机床操作。决策层则是对加工时所存储的信息按照已经开发好的智能算法进行智能分析，并输出分析后的数据供机床进行相应动作。执行层为机床各个运动部件或元器件以及传感器进行相应的运动或数据采集。系统内部的数据传递主要通过 SERCOS 服务通道与命令通道进行传递并放于共享内存中供相应模块调用。

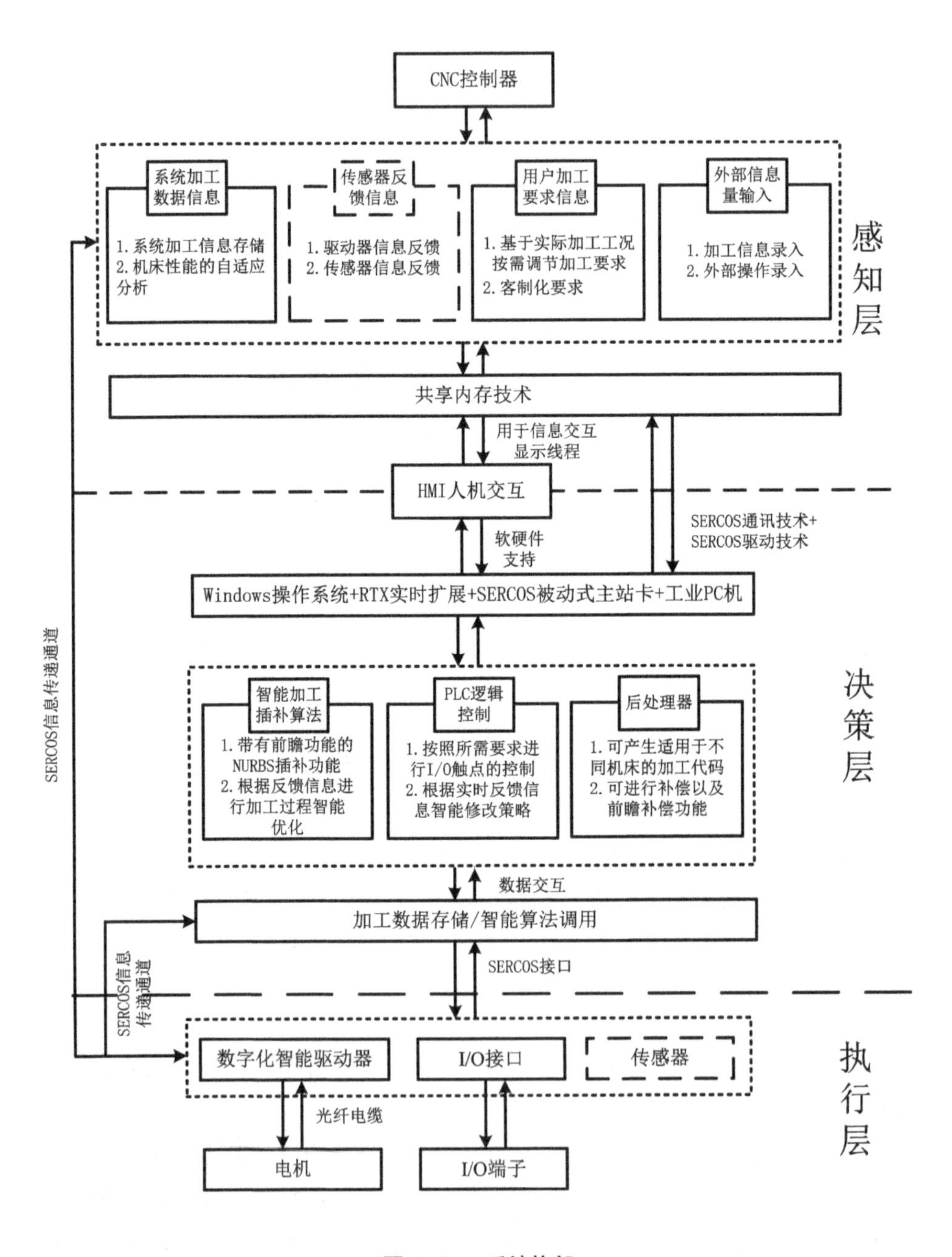

图 2-16 系统构架

2.6 实验验证

为了验证本文所建立的 SERCOS 服务通道、SERCOS 命令通道以及相关报文传输的准确性。实验平台的软硬件构成如下：

（1）硬件平台。采用研华工业 PC 机。SERCOS 通讯卡为 Rexroth Indramat 公司的 SERCOSIII 被动式主站卡、驱动器为 Rexroth Indramat 公司的 Indra DriveC 数字化智能驱动器。伺服电机为 Rexroth Indramat 的 MNR 系列交流伺服电机。

（2）软件平台。采用 Windows XP 作为系统的操作系统并搭载实时子系统 RTX8.1 的方式搭建。

搭建的单轴实验验证平台如图 2–17 所示。

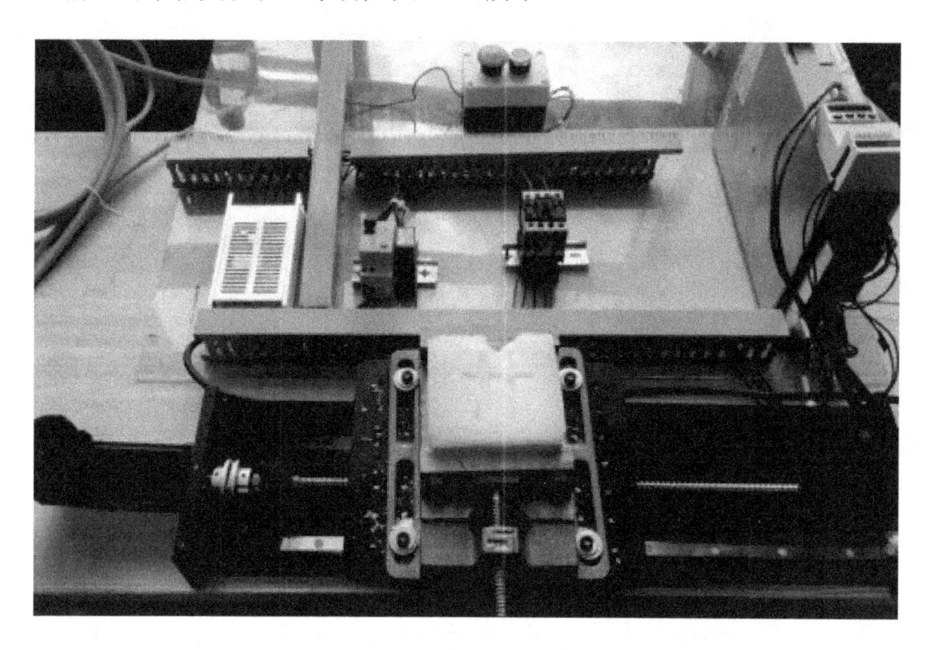

图 2–17　单轴实验验证平台

实验平台测试软件如图 2–17 所示，其可以完成以下主要功能：

①进行 SERCOS 环的初始化，如检查光纤环是否闭合，返回个从站地址等。

②调整 SERCOS 通讯阶段，使其可以在通讯阶段 2（参数阶段）与通讯阶段 4（操作阶段）相互转化。

③输入运动控制过程所需要的参数。

④执行运动指令。

⑤显示反馈参数。

本文以位置—速度控制为例，对所建立的 SERCOS 服务通道与 SERCOS 命令通道进行测试，当点击图 2–18 所示通讯阶段 2、通讯阶段 4 按钮时其可以通过服务通道将命令值写入到参数“P1620-0-3”中，此时驱动器显示器分别显示 P2 和 Ab，表示进入到相应的通讯阶段。在通讯阶段 2 中，可以针对驱动器以及 SERCOS 卡的相关参数进行配置，本文选择对参数“P-0-0033”进行相应操作模式的配置。

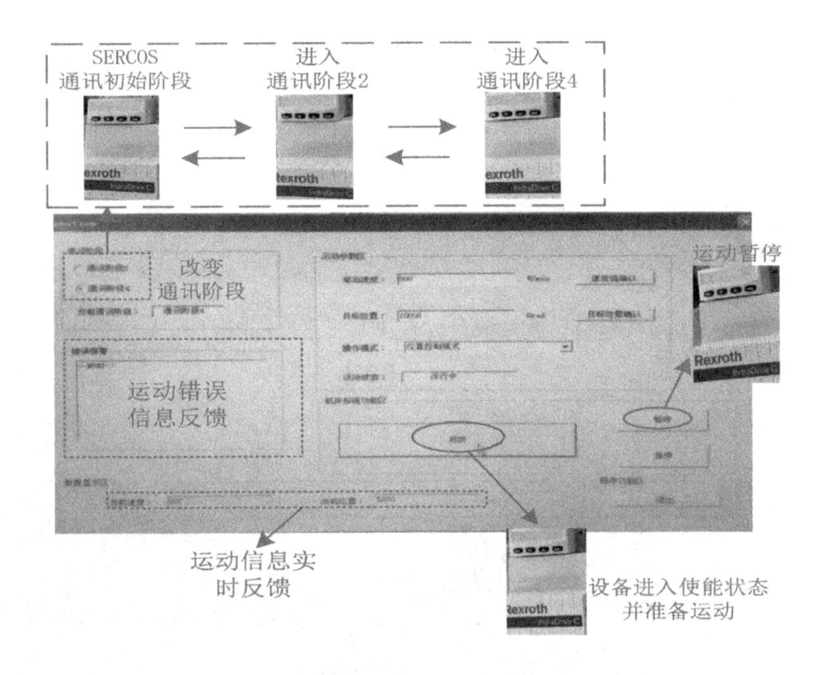

图 2–18　实验平台测试软件

当进入通讯阶段 4 后，可以针对运动参数如速度、加速度等进行配置，也可以对运动控制指令如“使能”“循环启动”“暂停”进行操作。当输入完运动参数后，点击界面上的启动按钮后，进入使能状态，驱动器显示屏上显示“AF”，此时设备会按照通讯阶段 2 所设置的速度命令值 500U/min 与位置命令值 10000Grad 并根据所设定的相应的电子齿轮比，去驱动工作台进行运动，并通过命令通道将相应的反馈数据写入到数据处理模块中供 Win32 界面显示。当运动需要被停止时，命令通道将报文传递给驱动器经识别后，暂停电机并在其显示屏显示“AH”。

2.7 本章小结

本章论述了基于 PC-SERCOS 的开放式数控系统的系统结构及实现系统开放的相关技术，基于数字化智能驱动器以及 SERCOS 接口技术如 SERCOS 通信技术和 SERCOS 驱动技术等搭建用于数据双向流通的服务通道和命令通道并确立了系统的软硬件平台及系统的总体构架和组成。

基于数控系统实时性的要求以及考虑到 Windows 操作系统的开放性，以 VS2012 作为整个系统的开发环境，将系统内各个核心功能进行模块化分析，最后采用 Windows+RTX 作为数控系统的软件平台。

最后，通过搭建实验验证单轴平台证明了所建立的 SERCOS 服务通道与 SERCOS 命令通道的正确性。

第3章　开放式数控系统插补功能及算法研究

3.1　概述

开放式数控系统的插补功能模块作为以模块化思想构筑的系统组成的最重要环节之一，其插补功能的好坏、插补功能算法的优劣直接影响到所开发数控系统的性能。

非均匀有理B样条（Non-uniform rational B-splines，NURBS），由于其具有设计灵活、算法稳定、曲线表达范围广等优点，现代数控系统广泛使用NURBS曲线进行复杂零件轮廓描述和加工。与线性插补方法相比，NURBS插补有诸多优势。首先，NURBS插补可避免加工方向的突变，使刀具轨迹为一条光滑的样条曲线，并且机床出现频繁加减速的情况得到了极大的改善，从而获得了更平稳的进给速度。其次，NURBS插补相对于线性插补不需要进行多次逼近，从而增加了加工精度。再次，NURBS插补采用有限的NURBS曲线而不是大量的线性微段来表达刀具加工轨迹使得数控程序代码得到了极大的简化并减轻了CAD/CAM与CNC间信息传递的负担。最后，NURBS曲线作为曲线表达的标准形式为CAD/CAM与CNC信息表达的统一提供了方便。

由于NURBS曲线的弧长无法用参数精确解析，使其在插补的过程中，由于约束因素过多导致求解曲线许用最大速度和减速点变得困难。其次，速度限制因素的数量会影响插补的实时性，并且在插补过程中将出现由于机床本身的动力学特性导致计算所得出的最优解无法使用等情况。故本文基于上述问题，提出了采用弧长近似计算并考虑机床动力学和实时性的NURBS曲线S形加减速寻回插补算法，并结合开放式数控系统对其插补功能进行研究。

3.2 NURBS 插补原理

3.2.1 NURBS 曲线数学定义

NURBS 曲线采用了统一的数学形式表达标准解析形状，自 20 世纪 80 年代末，非均匀有理 B 样条成为用于描述曲线曲面最广的数学方法。通过定义可知，NURBS 曲线是高一维空间内由控制顶点的齐次坐标或带权控制顶点所定义的非有理 B 样条曲线在 ω=1 超平面的投影。通常情况下三维空间中的一条参数曲线的一般表达式为：

$$C(u)=x(u)\boldsymbol{i}+y(u)\boldsymbol{j}+z(u)\boldsymbol{k} \qquad 0\leqslant u\leqslant 1 \tag{3-1}$$

其中，u 为曲线的形参，$\boldsymbol{i}$，$\boldsymbol{j}$，$\boldsymbol{k}$ 分别为 x，y，z 轴的单位矢量。

NURBS 曲线根据功能进行划分，主要有三种表达形式：有理分式、有理基函数、齐次坐标。一条 k 次 NURBS 曲线表示为分段有理多项式矢函数为：

$$C(u)=\frac{\sum_{i=0}^{n} w_i N_{i,k}(u) P_i}{\sum_{i=0}^{n} w_i N_{i,k}(u)} \tag{3-2}$$

其中，$N_{i,k}(u)$ 是由节点矢量。$U=(u_i,\cdots,u_{i+p+1})$ 按 de Boor 递推公式决定 k 次规范 B 样条基函数，递推公式如下：

$$\begin{cases} N_{i,0}(u)=\begin{cases}1 & u_i\leqslant u\leqslant u_{i+1}\\ 0 & （其他）\end{cases} \\ N_{i,p}(u)=\dfrac{u-u_i}{u_{i+p}-u_i}N_{i,p-1}(u)+\dfrac{u_{i+p+1}-u}{u_{i+p+1}-u_{i+1}}N_{i+1,p-1}(u) \\ \dfrac{0}{0}=0 \quad （规定）\end{cases} \tag{3-3}$$

式 3–3 中，$P_i(i=0,1,\cdots,n)$ 为控制顶点，$\omega_i(i=0,1,\cdots,n)$ 为相应的权因子，其中，首末权因子 ω_0，ω_n 大于 0，其余各个权因子均大于等于 0。为了防止分母为零，同时保证凸包性以及曲线不会因权因子而退化成为一点，顺序 k 个权因子不能同时为零。

由于 NURBS 曲线的局部性质，k 次曲线上定义域内参数 $u\in[u_i,u_{i+1}]$ 的一点 $p(u)$ 至多与 k+1 个顶点 $P_j(j=i\text{-}k,i\text{-}k+1,\cdots,i)$ 有关，与其他顶点无关，因此有：

$$p(u)=\frac{\sum_{i=0}^{n}\omega_i d_i N_{i,k}(u)}{\sum_{i=0}^{n}\omega_i N_{i,k}(u)}=\frac{\sum_{j=i-k}^{i}\omega_j d_j N_{j,k}(u)}{\sum_{j=i-k}^{i}\omega_j N_{j,k}(u)},u\in[u_i,u_{i+1}] \qquad (3\text{–}4)$$

3.2.2 NURBS 曲线插补的直接计算流程

机床能否执行 NURBS 插补现今是衡量一台机床先进性的标准之一，部分先进的数控系统，如 FANUC Series30i/31i/32i-MODELA 和 SIMENS 等数控系统，都可以直接针对 NURBS 曲线进行插补加工。

NURBS 曲线直接插补采用的是两级插补模式，在插补的过程中，粗插补级首先按照速度限制条件，确定各插补点的进给速度 $V(u_i)$。然后，根据所得到的各点进给速度 $V(u_i)$ 与固定的插补周期 T 相乘，得到插补步长量 ΔS。最后，通过插补步长 ΔS 得到 NURBS 曲线下一点 P_{i+1} 的参数值 u_{i+1}，并基于该参数值反求出相应的坐标值。针对精插补级，则 NURBS 插补与传统插补方式基本一致。NURBS 插补计算过程如图 3–1 所示。

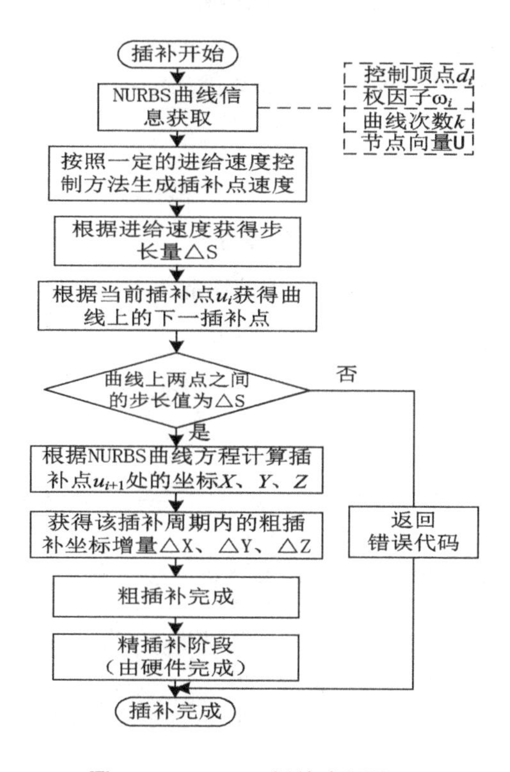

图 3–1 NURBS 插补流程图

NURBS 插补是一个十分复杂的过程。首先，NURBS 曲线的速度规划是其插补算法的核心，速度规划是否合理直接影响到实际的加工精度和效率。其次，NURBS 曲线与参数之间无法精确解析，需要对其进行合理的近似计算才能建立 NURBS 轨迹空间到参数空间的映射。最后，在实时插补中，需要建立参数空间到轨迹空间的映射即用参数值去计算空间坐标。本章将在后续章节中对以上问题进行论述。

3.3 NURBS 插补技术研究

加工时的轮廓误差是影响加工精度的因素之一，所以插补时的进给速度应保持在轮廓误差的限定范围内。

$$v_i \leqslant \frac{2}{T_s}\sqrt{\rho_i^2-(\rho_i-\delta_{\max})^2}=\frac{2}{T_s}\sqrt{\delta_{\max}(2\rho_i-\delta_{\max})} \tag{3-5}$$

式中，v_i 为第 i 个插补周期的进给速度，ρ_i 为曲率半径，其值等于曲率的倒数，T_s 为插补周期，$\delta_{\max}$ 为最大轮廓误差。

向心加速度出现在刀具或者工件进行曲线运动时，过大的向心加速度会造成机床冲击影响加工质量，故插补速度的变化范围应当在许用最大向心加速度的范围内。

$$v_i^2 \leqslant \rho_i a_{\max} \tag{3-6}$$

式中，$a_{\max}$ 为系统允许的最大加速度。

考虑到机床硬件特性以及 S 形加减速的要求，其插补速度的限制条件为：

$$\begin{cases} v_i \leqslant v_{\max} \\ a_i \leqslant a_{\max} \\ J_i \leqslant J_{\max} \end{cases} \tag{3-7}$$

式中，a_i、J_i 为第 i 个周期插补的加速度、加加速度，$v_{\max}$、$a_{\max}$、$J_{\max}$ 为系统许用最大速度、加速度、加加速度。

根据速度、加速度、加加速度三者之间的关系，有：

$$\begin{cases} v_{i+1} \leqslant v_i + a_{\max}T_s \\ a_{i+1} < a_i + J_{\max}T_s \\ J_{i+1} < J_{\max} \end{cases} \tag{3-8}$$

式中，v_{i+1}、a_{i+1}、J_{i+1} 为第 i+1 个插补周期的速度、加速度以及加加速度。

机床在进行插补运动的过程中伴随着切削力的变化，为了保证加工质量切削力应保持在一个合理的区间。

$$F_{c,i} \leqslant F_{\text{Lim}} \tag{3-9}$$

式中，$F_{c,i}$ 为第 i 个插补周期的切削力，F_{Lim} 为许用最大切削力。

切削力主要受到切削深度 a_p，每齿进给量 f 以及切削速度 v 和切削力修正系数 K_c 的影响，即：

$$F_c = K_c a_p^{\alpha} f^{\beta} v^{\gamma} \tag{3-10}$$

式中，α、β、γ 是与工件材料，刀具材料，以及切削条件有关的参数，其可通过回归分析的方法在刀具、工件以及切削条件确定后获得。

经简化，切削力与速度有如下关系：

$$\begin{cases} F_{cx,i} = K_{cx} v_{x,i}^{\beta_x} \\ F_{cy,i} = K_{cy} v_{y,i}^{\beta_y} \\ F_{cz,i} = K_{cz} v_{z,i}^{\beta_z} \end{cases} \tag{3-11}$$

式中，K_{cx}、K_{cy}、K_{cz} 是与切削力有关的参量，β_x、β_y、β_z 是与进给速度有关的参量。

3.4 NURBS 曲线 S 型加减速寻回实时插补算法

针对高速高精加工中传统的 NURBS 算法沿曲线方向进行单一插补时，曲线的弧长与参数之间无精确的解析关系、进给速度又总是受到非线性变化的曲线曲率约束，导致基于 S 型加减速进行 NURBS 插补时，曲线长度的实时计算以及对减速点的预测十分困难，无法获得曲线余下部分的速度约束信息，而且在进行实时插补的过程中可能出现计算负荷过大、导致数据饥饿的现象，影响整个系统的实时性。针对以上问题，本章节提出了一种寻回插补实时算法。

3.4.1 算法基本原理

寻回实时插补算法采用模块化的思想将插补过程分为前瞻插补部分和实时插补部分。前瞻插补部分主要以曲率极值点作为曲线分割依据，将 NURBS 曲线分为若干段后，确定曲线内首末端点以及许用最大速度。此时，进行反向预插补直至插补速度达到许用最大速度后，记录当前位置并将预插补运动数据经由智能算法模块验证后存入系统内部数据处理模块中的存储链表内。实时插补部分从参数 u=0 开始进行正向插补，当正向插补到达预插补记录点，即速度校验点时，通过 SERCOS 命令通道提取此时的插补速度进行校验，经由智能模块判断是否调用预插补数据或继续向前插补，并最终完成整条曲线插补形成光滑的速度曲线。

3.4.2 寻回实时插补算法前瞻模块

寻回算法前瞻模块首先以曲率极值点为依据对 NURBS 曲线进行分段，如图 3–2 所示前瞻模块将曲线分为 *AB*、*BC*、*CD*、*DE*、*EF* 五段。

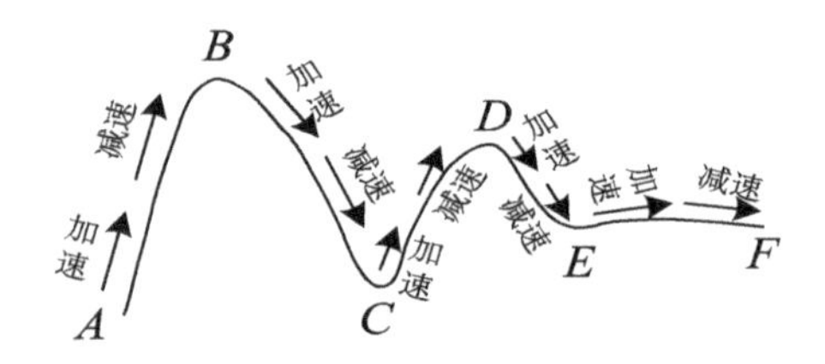

图 3–2 曲线分段方式

然后，为了确保可以以确定的速度通过曲线首末端点，前瞻模块根据弓高误差求解曲线段首末端点速度 v_b，v_e。并将分段曲线的首末点速度以及矢量节点数据依次存放在数据处理模块内已经建立的可动态进行容量扩展的双向链表中。

一般来说，参数曲线的长度无法通过解析方法获得，然而通过数值方法计算曲线长度会大幅增加系统负担降低实时性，故本文在前瞻模块采用如图 3–3 所示的方法，对分段曲线长度进行近似计算。

将分段曲线 *AB* 内 *n* 个等间距的点相连得到直线的长度为 L_s 为：

$$L_s = l_1 + l_2 + \cdots + l_{n+1} \tag{3–12}$$

式中，l_1、l_2、$\cdots l_{n+1}$ 为曲线段插入 *n* 个等间距点的折线段长度。

根据 NURBS 曲线的定义，将 L_s 作为曲线的近似长度有：

$$L_s = \|P(u_b) - P(u_1)\| + \|P(u_1) - P(u_2)\| + \cdots + \|P(u_n) - P(\boldsymbol{u}_e)\| \tag{3–13}$$

式中，u_b、u_e 为分段后曲线起始点、终点节点矢量且 u_i 为：

$$u_i = u_b + \frac{i}{n+1}(u_e - u_b), i = 1,2,\cdots,n;$$

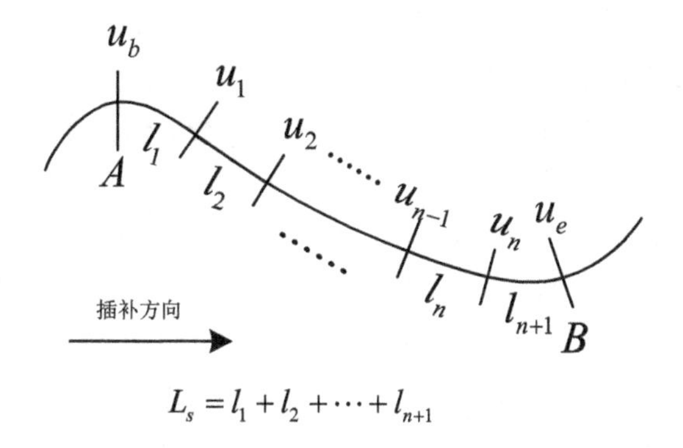

图 3–3　曲线长度近似算法

对曲线进行近似计算的过程中，应当检验直线段 f 与曲线段 l 的逼近误差 E 在许用容差 T 的范围内，即：

$$E = \sup_{p_f \in f}[\inf_{p_l \in l}(d(p_f, p_l))] \leqslant T \tag{3–14}$$

根据 NURBS 曲线的凸包性，计算所在凸包上控制顶点到直线段的距离，即：

$$d_i = \sqrt{\{|x_i|\}^2 + \{|y_i|\}^2 + \{|z_i|\}^2} \tag{3–15}$$

取 $d_{max}=\max\{d_i\}, i=0,1,\cdots,k$ 为逼近误差。

n 的取值与曲线近似长度的精度有关，本文采用在曲线上插入节点的方法，由 de Boor 算法递推公式，将 NURBS 曲线转化为高一维的 B 样条曲线，在节点范围 $[u_i,u_{i+1})$ 反复插入给定值 $u=(u_i+u_{i+1})/2$ 直至 u 的重复精度为曲线次数时，检验公式 (3–14) 是否成立，若公式 (3–14) 成立则停止曲线分割，若公式不成立则将曲线段继续分割直至满足公式 (3–14)，q 是以公式 (3–14) 进行校验的次数，则 n 的取值与校验的次数 q 的关系为：$n=2^q-1$。

当前瞻模块完成分段曲线的近似长度求解后，根据上文所提出的插补速度限制条件，计算分段曲线内许用最大速度 v_{tr}。

$$v_{tr} = \min\left\{v_{\max}, \frac{2}{T_s}\sqrt{\delta_{\max}(2\rho_i - \delta_{\max})}, \sqrt{\rho_i a_{\max}}, \sqrt[\gamma]{\frac{F_{Lim}}{K_c a_p^{\alpha} f^{\beta}}}\right\} \tag{3–16}$$

由于本文采用的是按照曲率极值点进行分段，故分段后的曲线长度以及各端点的限制速度也不尽相同，所以曲线内最大许用速度 v_{tr} 应根据分段曲线长度进行适当校正：

（1）当前瞻模块通过计算得出插补速度达到最大值出现的位置在曲线段

内时，此时曲线允许的最大速度由公式 (3–16) 进行定义。

（2）当前瞻模块通过计算得出插补速度达到最大值出现的位置在曲线段外时，可能出现双向插补均无法达到曲线速度最大值，则最大许用速度定义为曲线两端点数值较大的一方。

当前瞻插补模块定义了个曲线段内的最大许用速度 v_{tr} 后，此时开始进行反向插补，当达到该曲线段内最大许用速度时，记录当前位置为速度校验点 u_{br}，然后继续插补直至所有曲线段反向插补完毕。其中，反向插补数据如各矢量节点对应的速度、加速度等均通过智能算法模块校验、修正后存入数据处理模块中。寻回算法前瞻模块工作流程如图 3–4 所示。

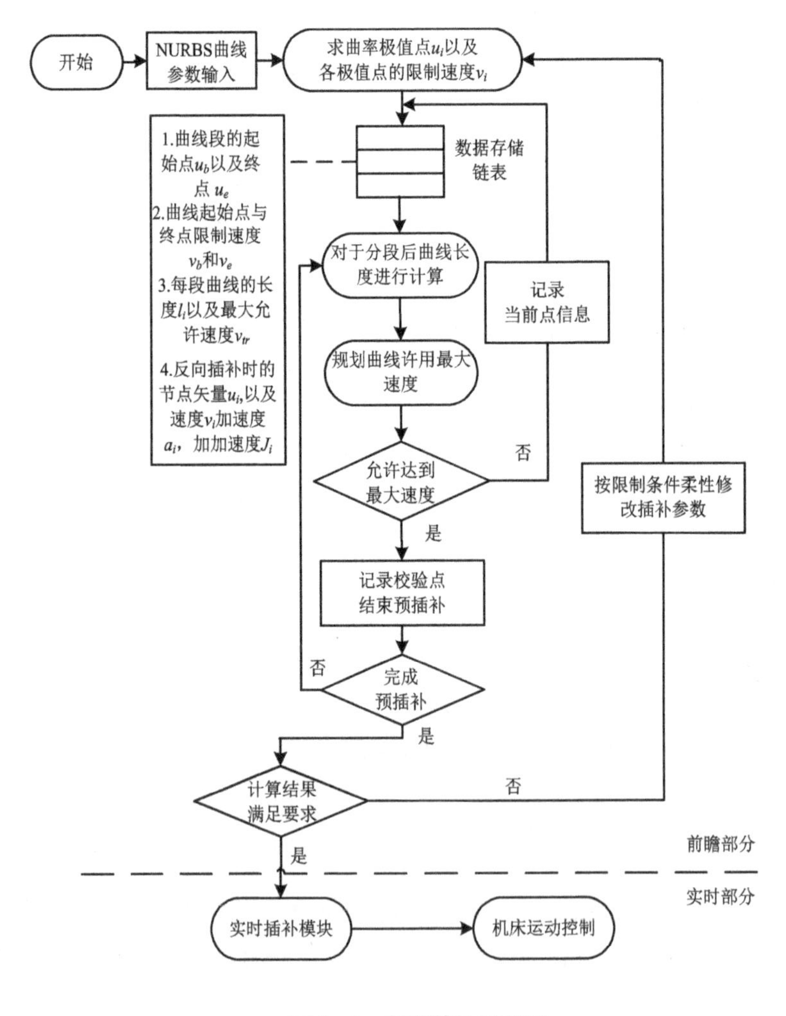

图 3–4　前瞻算法流程图

3.4.3 寻回实时插补算法实时模块

在前瞻模块反向插补结束后，经由任务调度模块启动实时插补，其流程图如图 3–5 所示。

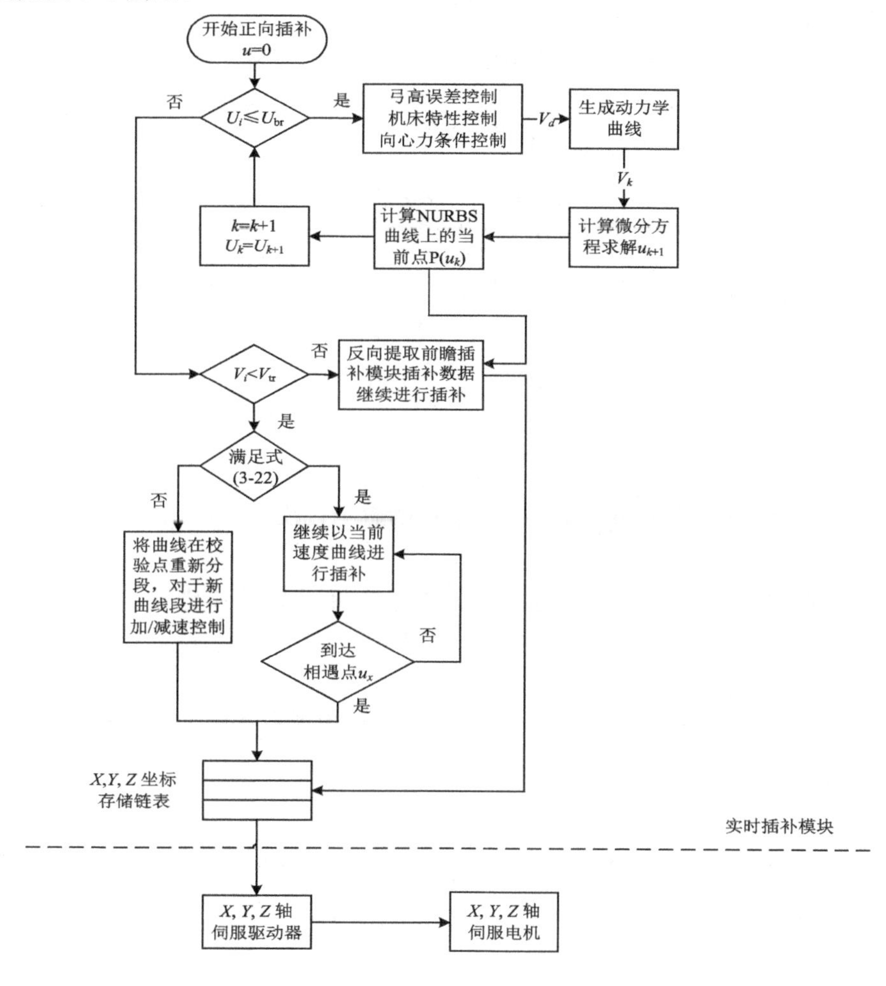

图 3–5 实时插补模块流程图

实时插补采用的是正向插补，当插补到达速度校验点 u_{br} 时需要通过 SERCOS 命令通道获取相关运动参数，然后在智能算法模块对当前速度进行校验，根据当前速度的大小对校验点之后的插补过程进行相应控制。

（1）在实时插补的过程中，若插补速度在到达检验点或者刚好到达校验点的时候达到许用最大速度，则此时智能算法模块直接可以调用数据处理模块中的反向插补数据继续向前插补。

（2）当实时插补到许用最大速度为曲线端点速度时，若取曲线结束点速度作为许用最大速度，则此时智能算法模块调用反向插补数据进行加速运动。若曲线开始点速度作为许用最大速度，则以该速度匀速运动到校验点，然后提取反向插补数据。

（3）当进行实时插补的过程中，到达速度校验点的速度小于许用最大速度时，智能算法模块会判断在后续插补的过程中是否有与反向插补速度重合的点，进给速度 $v(u_i)$ 可以表示为：

$$v(u_i)=\left\|\frac{\mathrm{d}p(u)}{\mathrm{d}t}\right\|_{u=u_i}=\left\|\frac{\mathrm{d}p(u)}{\mathrm{d}u}\right\|_{u=u_i}\left.\frac{\mathrm{d}u}{\mathrm{d}t}\right|_{t=t_i} \tag{3-17}$$

故设在校验点后有正反向的速度相等的重合点 u_x，则该点的速度为：

$$v(u_x)=\left\|\frac{\mathrm{d}p(u)}{\mathrm{d}t}\right\|_{u=u_x}=\left\|\frac{\mathrm{d}p(u)}{\mathrm{d}u}\right\|_{u=u_x}\left.\frac{\mathrm{d}u}{\mathrm{d}t}\right|_{t=t_x} \tag{3-18}$$

$v(u_x)$ 也可以表示为：

$$v(u_x)=\left\|\frac{p(u_x)-p(u_b)}{\mathrm{d}u}\right\|_{u=u_x}\left.\frac{\mathrm{d}u}{\mathrm{d}t}\right|_{t=t_{forward}} \tag{3-19}$$

根据式 (3–17)、式 (3–18) 得出，当正向插补到达速度 $v(u_x)$ 所经历距离 L_b 为：

$$L_b=\|p(u_1)-p(u_b)\|+\sum_{i=1}^{3}\|p(u_{i+1})-p(u_i)\|+\|p(u_x)-p(u_4)\| \tag{3-20}$$

式中：

$$u_i=u_b+\frac{i}{4}(u_x-u_b)\qquad i=1,2,3,4$$

同理，反向插补到达速度 $v(u_x)$ 所经历距离 L_e 为：

$$L_e=\|p(u_1')-p(u_x)\|+\sum_{i=1}^{3}\|p(u_{i+1}')-p(u_i')\|+\|p(u_e)-p(u_4')\| \tag{3-21}$$

式中：

$$u_i'=u_e-\frac{i}{4}(u_e-u_x)\qquad i=1,2,3,4$$

反向插补速度 $v'(u_x)$ 为：

$$v(u_x')=\left\|\frac{p(u_x)-p(u_e)}{\mathrm{d}u}\right\|_{u=u_x}\left.\frac{\mathrm{d}u}{\mathrm{d}t}\right|_{t=t_{backward}} \tag{3-22}$$

当正向插补可以达到校验点后，判断在校验点后是否具有与反向插补在相同的位置且具有相同速度的点，若有则继续向前插补，其判断条件为：

$$\begin{cases} L_s = L_b + L_e + e(\theta) \\ v(u_x) = v'(u_x) \end{cases} \tag{3–23}$$

其中：$e(\theta)$ 为近似误差，$e(\theta) \leqslant \dfrac{u_{i+1} - u_i}{u_e - u_b} \times 10\%$

若式 (3–23) 成立，则智能算法模块判定继续插补会出现速度重合点，当插补到后续的重合点后，智能算法模块反向调用预插补数据进行后续插补。

若判定前方没有速度重合点时，则智能算法模块会对剩余曲线进行二次分段并重新进行速度规划，若当前速度大于曲线终点速度，则将二次分段曲线内的最大许用速度定义为当前速度，并以许用范围内的最大加速度减速至曲线终点速度后，进行匀速运动。反之，则将二次分段曲线内最大许用速度定义为曲线终点速度，当正向插补加速至最大速度后，匀速运动至曲线终点。

设 NURBS 曲线上的动点 $P(u_{i+1})$ 为当前点 $P(u_i)$ 按照当前速度 v_i 经过一个插补周期后到达曲线上的一新点。根据 NURBS 曲线二阶泰勒展开式将参数 u 对时间 t 进行展开，参数 u_i 与 u_{i+1} 的关系为：

$$\begin{aligned} u_{i+1} &= u_i + \left.\frac{\mathrm{d}u}{\mathrm{d}t}\right|_{t=t_i}(t_{i+1} - t_i) + \frac{1}{2}\left.\frac{\partial^2 u}{\partial t^2}\right|_{t=t_i}(t_{i+1} - t_i)^2 \\ &= u_i + \frac{T_s v_i + (T^2/2)(\mathrm{d}v_i/\mathrm{d}t)}{\sqrt{(x')^2 + (y')^2 + (z')^2}} - \frac{(T_s v_i)^2 (x'x'' + y'y'' + z'z'')}{2\left[(x')^2 + (y')^2 + (z')^2\right]^2} \end{aligned} \tag{3–24}$$

考虑到 NURBS 曲线插补速度条件限制，故下一点速度 v_{i+1} 的取值范围为：

$$v_{i+1} \leqslant \min\left[v_{\max}, \frac{2}{T_s}\sqrt{\delta_{\max}(2\rho_i - \delta_{\max})}, \sqrt{\rho_i a_{\max}}, \sqrt[\gamma]{\frac{F_{\lim}}{K_c a_p^{\alpha} f^{\beta}}}\right] \tag{3–25}$$

下一点加速度 a_{i+1} 的取值范围为：

$$a_{i+1} \leqslant \min[a_{\max}, a_i + JT_s] \tag{3–26}$$

3.5 NURBS 插补在系统中的实现

3.5.1 NURBS 插补指令格式

本文基于国际标准 ISO 6983 规定以及 SIMENS840D 中 NURBS 指令插补格式，采用 NC 程序提供节点信息的方法，建立如图 3–6 所示的 NURBS 插补指令格式。

```
G06.5P_ :
X_Y_Z_R_K_F_ ;
X_Y_Z_R_K_ ;
…
…
X_Y_Z_K_ ;
K_ ;
…
```

图 3–6 NURBS 插补指令格式

其中，NURBS 插补以标志 G06.5 开始，*P* 为所需要进行插补的 NURBS 曲线阶数，*X*、*Y*、*Z* 为 NURBS 曲线的控制顶点，*R* 为控制点所对应的权因子，*K* 为节点值。当以上参数传递给带有 NURBS 插补功能的 CNC 控制器时就可以进行 NURBS 插补。

3.5.2 NURBS 插补数控代码生成

由于目前商用 CAD/CAM 软件无法直接生成如图 3–6 所示的 NURBS 插补数控代码，所以 NC 程序的生成需要通过专用的数控编辑软件生成，本文在后面章节介绍了一种新型五轴通用后处理器，其可根据多种五轴 / 三轴机床类型生成相应的数控代码，基于此并按照流程图 3–7 的方法进行 NURBS 插补 NC 代码生成。

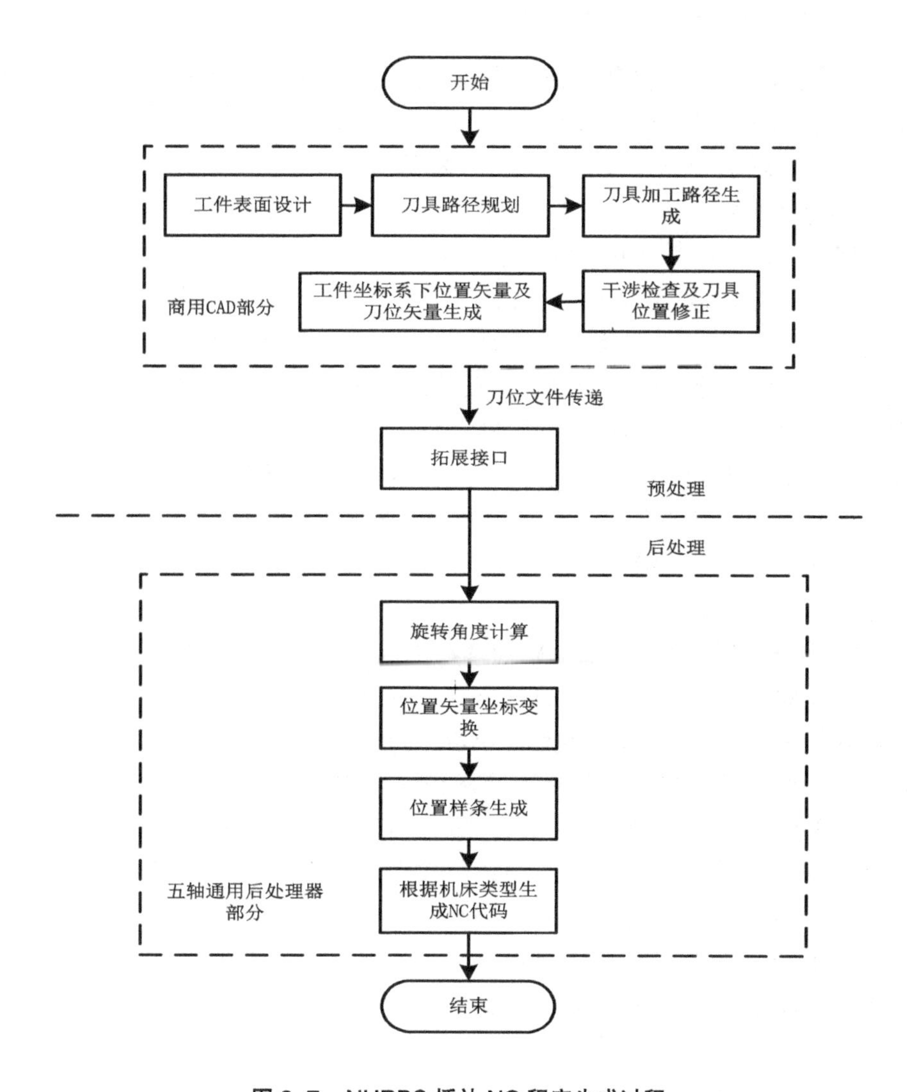

图 3-7　NURBS 插补 NC 程序生成过程

预处理过程主要是采用商用 CAD 软件对零件造型以及 CAM 软件计算离散刀具轨迹，由于此类软件大多带有标准接口，所以本文所提出的后处理器通过其他商用软件的通用接口来完成 CAD 造型部分，并且刀具离散路径轨迹也可以通过商用软件输出相应的刀心坐标和刀轴矢量。后处理部分主要是在后文介绍的五轴通用后处理器内通过预处理的相应数据将刀心点拟合为机床坐标系下的 NURBS 形式，并输出含有图 3-6 所示的 NURBS 曲线插补格式的数控代码。

3.5.3 NURBS 插补模块间数据流处理

系统内各模块间的数据流是由任务调度模块进行调度的，本质上是任务协调器是一个实时进程，采用事件（EVENT）以及信号量（Semaphore）等对象来实现进程或线程间的同步，事件（EVENT）为 RTX 线程同步提供的核心对象可以在进程之间共享，而信号量（Semaphore）在实时进程中被称为信号灯，其是在多线程环境下使用的一种设施，它负责协调各个线程以保证它们能够正确、合理的使用公共资源。RTX 进程（线程）间的通信原理与 Windows 类似，区别在于 RTX 具有更强的实时性。当译码器将 NC 代码处理完毕后，经处理后的 NC 代码以数据链表的形式存入非分页物理内存区域中，此时当系统需要进行插补工作时，任务调度模块将适时地将数据取出并以定义的执行步作为每一个节点存入新的数据链表中，从而方便插补器运行时取出其中的数据进行运算处理。关于 RTX 进程（线程）的建立、同步以及共享内存的相关内容，本文将在第四章进行论述。

当 NURBS 数控代码经由后处理器生成后，所得到的数控代码经由译码器进行编译并将编译完成的数据存入所建立的共享内存中，此时在进行正式插补之前，前瞻插补模块开始进行前瞻插补并将所得到的插补数据存入数据处理模块中以供智能算法模块调用，当插补任务正式开始时，实时插补模块根据给定的插补周期算出各轴运动的目标值以及速度值后再经由智能算法模块将所得到的数值按照上文所提出的校验方法进行验证，将智能算法模块所得出的数据通过轴模块加载相应的控制规律，将相关命令经由所建立的 SERCOS 命令通道传递给各轴驱动器，智能数字化驱动器将在其设备内完成整个精插补过程并将运动最终传递到各个轴电机上，从而实现整个插补过程，插补过程数据流动的流程图，如图 3–8 所示。

由于数控系统采用了 SERCOS 接口进行数据交换，SERCANS 需要以报文的形式经由光纤环向各个伺服驱动器发接受或发送指令。本系统所采用的 SERCANSIII 被动式主站卡是基于计算机 PCI 插槽嵌入计算机内进行工作的，其工作原理主要是基于 SERCANS 在通讯第二阶段配置所需要传递的内容类别并将相关数据存放至与之匹配的参数中，然后将 SERCANS 以给定的刷新时间在特定的内存地址中访问相关参数数据并将参数内容复制到报文数据段内，其中报文数据段的组成如图 3–9 所示，其中 I、II、III 部分表示报文数据域，I 表示主站同步报文 MST，II 表示来自第 n 个驱动器（n 的取值为

1~254）的报文 AT_n，AT_n 主要是传递来自驱动器的反馈数据，Ⅲ 为主站的数据报文（MDT），MDT 主要用于传递主站的过程命令。最后，数据流经由命令通道传递至各轴驱动器或 I/O 接口上完成数据由 CNC 系统向驱动器或 I/O 口的传递。

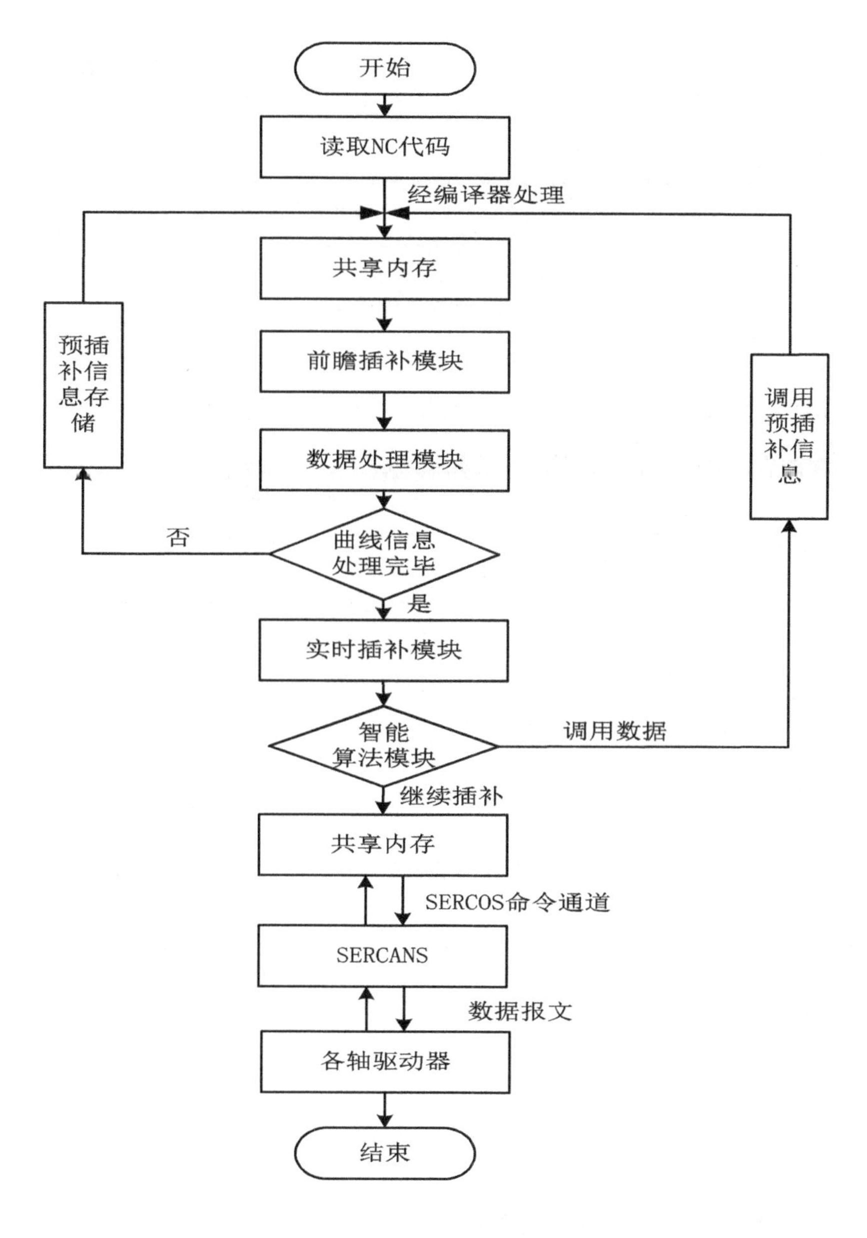

图 3-8 插补模块数据流动图

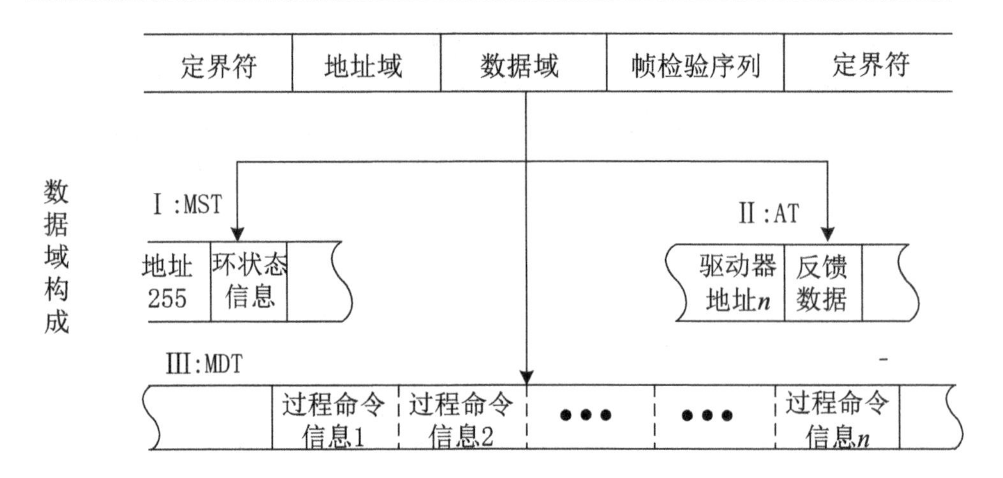

图 3–9　报文数据段组成

在插补阶段，经由 SERCOS 命令通道所传递的数据段的主要过程命令参数以及反馈参数如表 3–1 所示。

表 3–1　所传递主要过程命令参数及反馈参数

参数名称	参数类别	注释
S-0-0134	过程命令参数	驱动器控制字
S-0-0036	过程命令参数	速度命令值
S-0-0047	过程命令参数	加速度命令值
S-0-0135	反馈参数	驱动器状态字
S-0-0040	反馈参数	速度反馈值
S-0-0386	反馈参数	加速度反馈值

3.6 算法验证及结果分析

本系统基于 VS2012 平台编写插补程序对如图 3–10 所示的“∞”字形的 NURBS 曲线进行仿真，验证所提出算法的正确性。

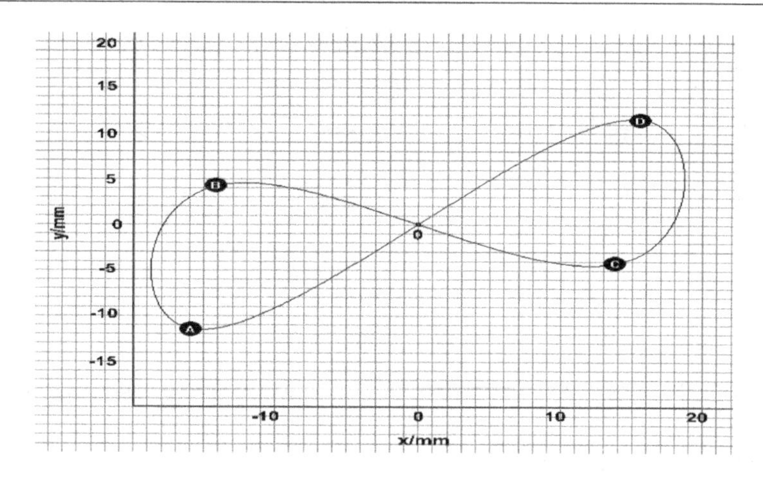

图 3–10 “∞”字形 NURBS 曲线

其中，曲线数如下：

控制点矢量：$\boldsymbol{P}_i=\left(\begin{bmatrix}0\\0\end{bmatrix},\begin{bmatrix}-20\\-20\end{bmatrix},\begin{bmatrix}-20\\20\end{bmatrix},\begin{bmatrix}0\\0\end{bmatrix},\begin{bmatrix}20\\-20\end{bmatrix},\begin{bmatrix}20\\20\end{bmatrix},\begin{bmatrix}0\\0\end{bmatrix}\right)$

权因子矢量：$\boldsymbol{\omega}=(1,0.8,0.5,1,0.5,0.8,1)$

节点矢量：$\boldsymbol{U}=(0,0,0,0,0.25,0.5,0.75,1,1,1,1)$

曲线阶数：$p=4$

针对于钛合金材料的 NURBS 曲线进行数控加工的参数如表 3–2 所示。

表 3–2 实验加工参数

参数	数值
插补周期 T_s/ms	1
许用最大进给速度 v_{max}/(m/s)	1.00
许用最大切向加速 a_{tmax}/(m/s^2)	4.2
许用最大法向加速 a_{nmax}/(m/s^2)	0.8
许用最大加加速度 J_{max}/(m/s^3)	200
许用最大轮廓误差 δ_{max}/(μ m)	0.5
切削力修正系数 K_c	10008
切削深度 a_p/(mm)	0.5
每齿进给量 f/(mm/z)	0.2
工件材料系数 α	0.5428
刀具材料系数 β	0.5967
切削条件系数 γ	–0.2953
许用最大切削力 F_{Lim}/(N)	750

如图 3–10 所示，曲线的曲率极值点出现在 u_A=0.1199，u_B=0.2746，u_c=0.7266，u_D=0.8813 处。

对传统 NURBS 插补方式仿真得出其进给速度 v_i 与参数 u_i 的关系如图 3–11 所示，轮廓误差 δ 与参数 u_i 的关系如图 3–12 所示。

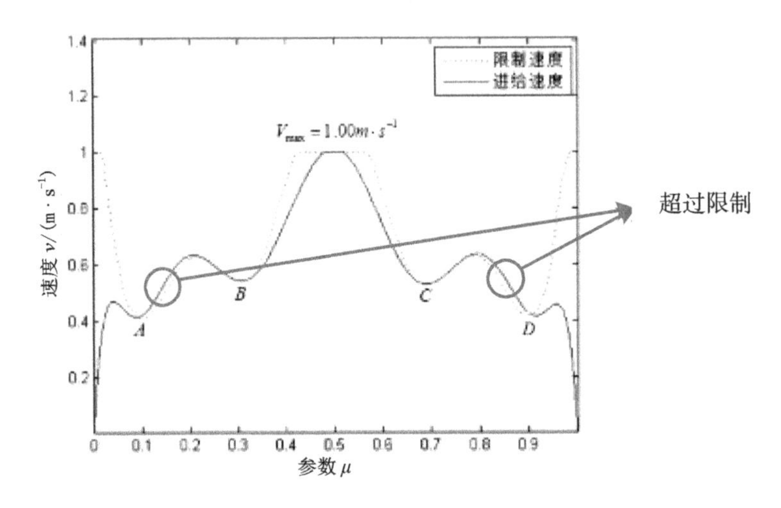

图 3–11　进给速度—参数曲线（传统算法）

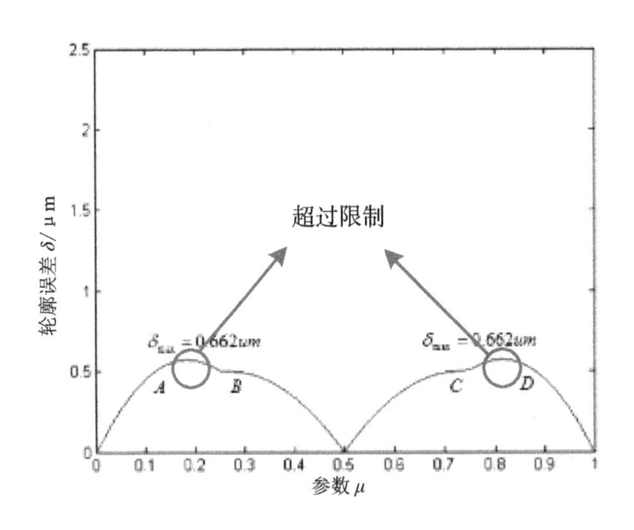

图 3–12　轮廓误差—参数曲线（传统算法）

通过图 3–11，图 3–12 能够发现对于整体长度较长并且曲率变化范围较小的 *BC* 段以及曲线极值点处，传统算法可以保证在速度限定范围内通过。然而，传统算法由于限制因素不全面导致在 *AB*、*CD* 段的加速度以及加加速度过大，如图 3–13~ 图 3–15 所示，使得其无法及时调节造成了进给速度超出了许用限制并产生过大的轮廓误差。*OA*、*DO* 段由于在曲线进行分段后整体长度较小，使得其达到最大速度的时候无法减速到曲线段端点速度的许用值，此时需要额外增加一个加速 / 减速段，从而使轮廓误差曲线偏离限制曲线。

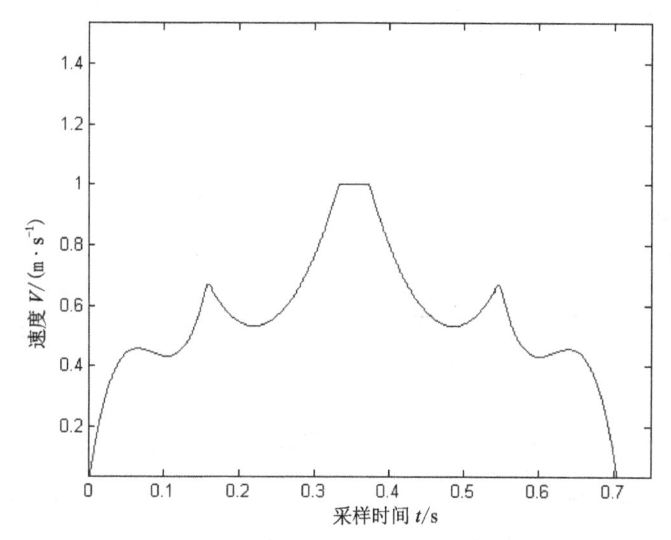

图 3–13　速度—时间曲线（传统算法）

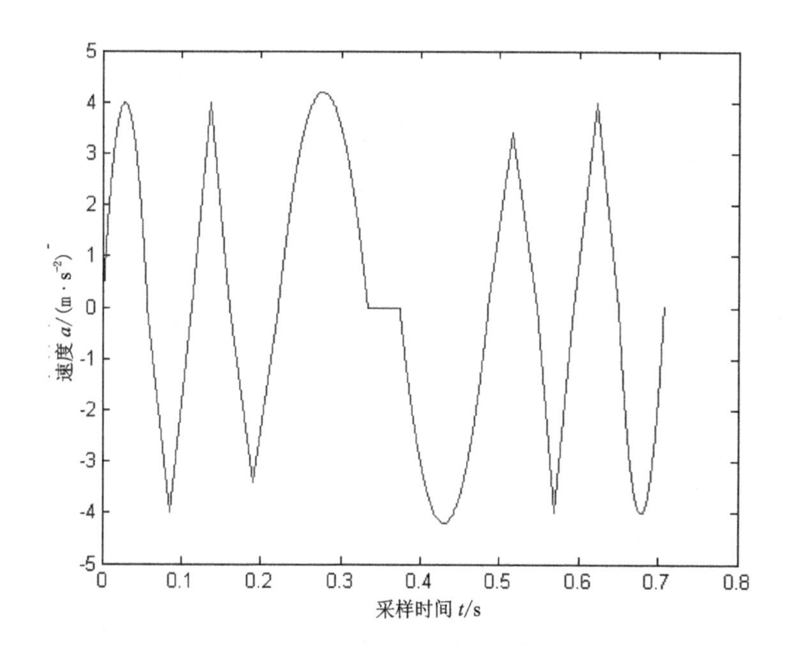

图 3–14　加速度—时间曲线（传统算法）

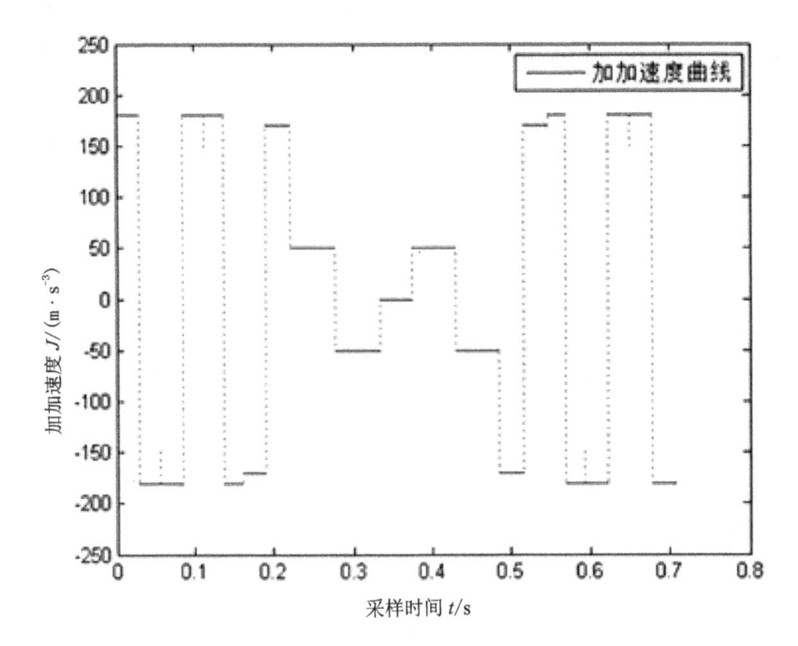

图 3–15　加加速度—时间曲线（传统算法）

对于本文所提出的寻回插补算法仿真得出进给速度 v_i 与参数 u_i 之间的关系如图 3–16 所示，轮廓误差 δ 与参数 u_i 之间的关系如图 3–17 所示。

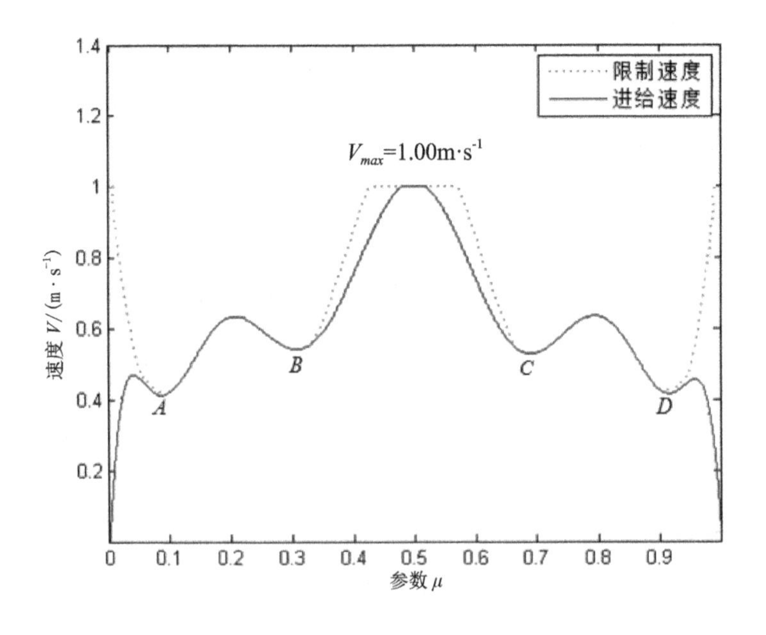

图 3–16　速度—参数曲线（寻回算法）

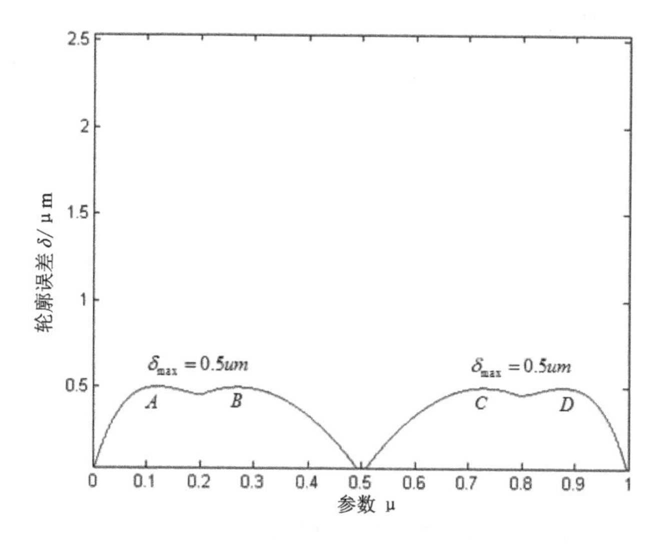

图 3–17　轮廓误差—参数曲线（寻回算法）

从图 3–16、图 3–17 可以看出寻回算法采用了前瞻插补模块与实时插补模块的两级插补的模式，使得在正式插补之前，系统根据反向插补信息对运动进行了优化。从曲线段 *OA*、*DO* 可以看出在满足速度限制为前提条件下，寻回算法采用了合理的运动参数使得速度曲线与轮廓误差曲线都在限定范围内。由于寻回算法可以柔性的对插补过程中的速度、加速度、加加速度进行控制，如图 3–18~ 图 3–20 所示，使得曲线段 *AB*、*CD* 的速度曲线与轮廓误差曲线均在速度限制范围内。

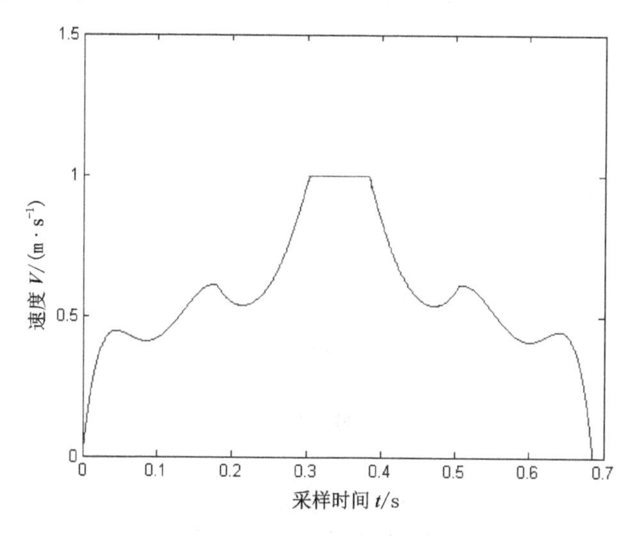

图 3–18　寻回算法速度—时间

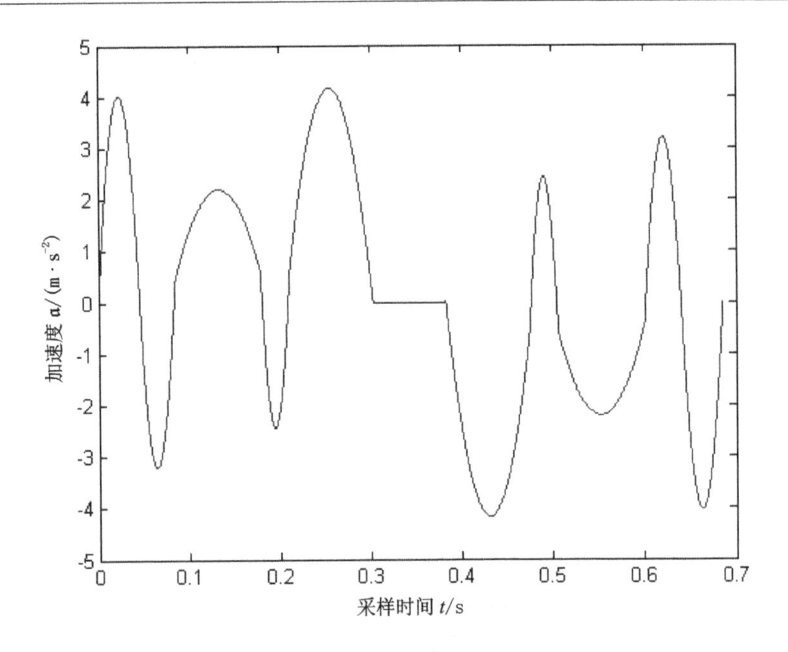

图 3–19　寻回算法加速度—时间

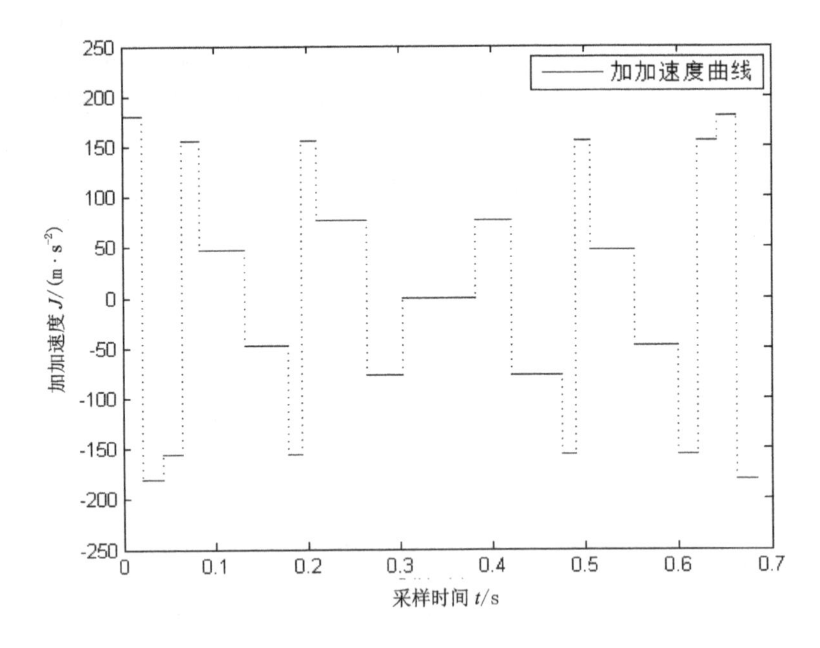

图 3–20　寻回算法加加速度—时间

由表 3–3 可以得出，传统插补方法仅能保证在长度较长、曲率比较平缓的 BC 段的插补精度，这是因为传统算法无法对下一点的插补信息进行预测，会出现由于机床本身硬件限制导致无法及时修改插补信息使其他曲线段轮廓误差均超出许用范围，虽然传统算法选择了相对较大的速度、加速度、加加速度使得其在 *AB*、*CD* 段运动时间短，但是为了保证能以规定的速率经过 *A*、*O* 两点需要额外增加一个加速 / 减速段，延长了全程运动时间。寻回算法与传统算法相比，采用了前瞻插补的模式，提前获取了运动信息并能够按照速度要求柔性的对运动参数进行控制，当进入实时插补后，智能算法模块还可以根据条件去判断是否调用已经修改优化的反向插补数据，从而减少系统负担提高插补实时性，并且寻回算法以插补精度为前提，尽量选取较高运动参数，故整体运动时间要优于传统算法。

表 3–3 寻回算法与传统算法结果比较

曲线段	运动时间 t(s)		最高速度 v(m/s)		最大误差 δ(um)	
	寻回算法	传统算法	寻回算法	传统算法	寻回算法	传统算法
OA	0.0852	0.1134	0.4705	0.4513	0.5	0.541
AB	0.1250	0.1067	0.6338	0.6472	0.5	0.662
BC	0.2650	0.2672	1.0000	1.0000	0.5	0.5
CD	0.1253	0.1067	0.6335	0.6470	0.5	0.662
DO	0.1749	0.1131	0.4712	0.4559	0.5	0.541
全程	0.6854	0.7071	1.0000	1.0000	0.5	0.662

从表 3–4 的数据可以看出，寻回算法由于在插补之前已经提前进行了反向预插补，所以在插补实时性方面寻回算法的平均计算时间要短，特别是对于长度长且曲率平缓的 *BC* 段，由于提取了反向插补数据，使得其平均计算时间明显要少于传统算法。

表 3–4 寻回算法与传统算法插补平均计算时间结果比较

曲线段	*OA*	*AB*	*BC*	*CD*	*DO*	全程
寻回算法 (us)	26.74	37.25	42.57	40.62	27.35	34.10
传统算法 (us)	30.63	45.64	83.94	47.21	31.50	47.78

3.7 系统插补功能实例验证

本系统的插补功能通过加工实例验证，基于上文所研究的“∞”形曲线按照本文所给出的 NURBS 插补代码格式通过后处理器处理后所得出的加工代码如图 3–21 所示。

```
N10 G06.5 P4
N11 X0.0000 Y0.0000 Z-0.2000 R1.0 K0.000
N12 X-163.2716 Y-112.1751 Z-0.2000 R0.8 K0.000
N13 X-148.1937 Y40.3912 Z-0.2000 R0.5 K0.000
N14 X0.0000 Y0.0000 Z-0.2000 R1.0 K0.000
N15 X148.1937 Y-40.3912 Z-0.2000 R0.8 K0.250
N16 X163.2716 Y112.1751 Z-0.2000 R0.5 K0.500
N17 X0.0000 Y0.0000 Z-0.2000 R1.0 K0.750
N18 K1.000
N19 K1.000
N20 K1.000
N21 K1.000
```

图 3–21　加工用 NC 代码

插补器所在的 AUTO 模块 HMI 界面如图 3–22 所示，其主要由显示加工代码并能对所加工代码进行高亮显示的“NC 代码显示区”，通过 SERCOS 命令通道传递给数据处理模块并将其显示的“加工信息显示区”，显示当前工作模式与运行状态的“加工状态显示区”，控制 Auto 模块进给倍率与主轴倍率的“倍率设置”区和能够进行加工操作的“操作面板区”与进行急停与复位的“急停 / 复位按钮区”组成。

当使用 CAD/CAM 软件生成含有加工信息的 CLS 文件后通过相应的后处理器（后处理器内容将在第 5 章进行介绍）生成 NC 代码，将加工所需 NC 代码读入 Auto 模块中，通过点击“循环启动”按钮开始进行加工并通过“倍率设置”区内的滚动条控件进行进给倍率与主轴倍率的设置。通常情况下，在实际加工之前，应当对所读入 NC 代码进行加工仿真，防止在实际加工中出现诸如干涉、超程等问题，减少加工时出现危险情况的可能性。本系统因此建立了加工仿真模块，在系统进行实际加工之前进行加工仿真。

仿真模块与实际加工在插补过程上相同，区别在与仿真模块没有将插补数据通过系统 SERCOS 命令通道传递给驱动器进行实际插补运动而是采用绘图功能将插补的运动轨迹以图形的方式根据每条 NC 代码指令跟踪显示出来，由于第二章已经对运动机构进行验证故本文不在赘述。基于此，本文通过仿真模块验证系统的插补功能。

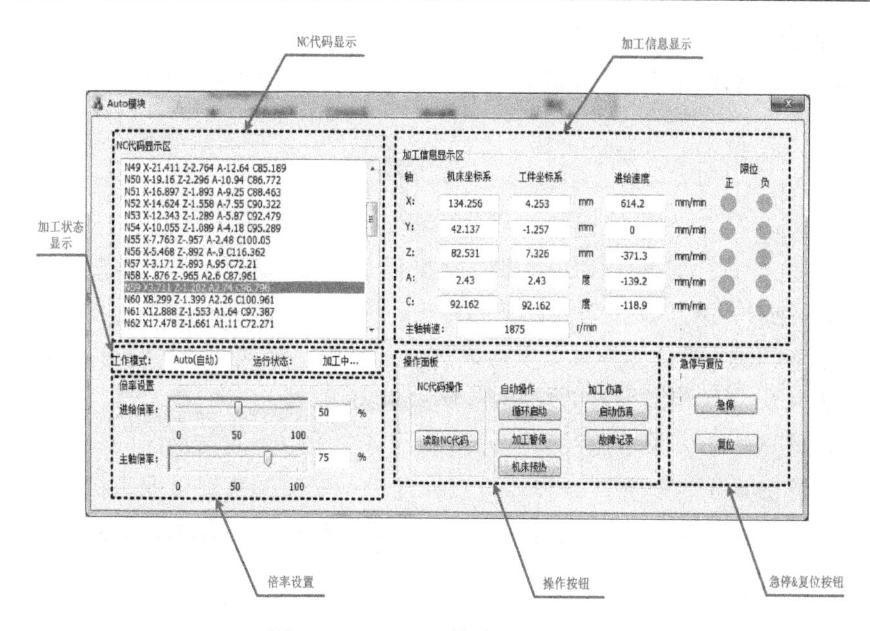

图 3–22 AUTO 模块 HMI 界面

仿真模块如图所示，其由“待加工 NC 代码显示区”“加工过程显示区”以及用于记录仿真加工过程中出现的如超程等问题的“仿真故障显示区”和能够根据插补数据在仿真模块中跟踪显示的“仿真过程显示区”组成。当 AUTO 模块读取如图 3–23 所示的 NC 代码后，点击仿真加工按钮，弹出仿真界面。当开始仿真任务后，图形显示区可以根据插补数据显示出实际加工轨迹，由于此类图形显示功能对实时性要求不高，故未将其置于 RTX 环境当中。

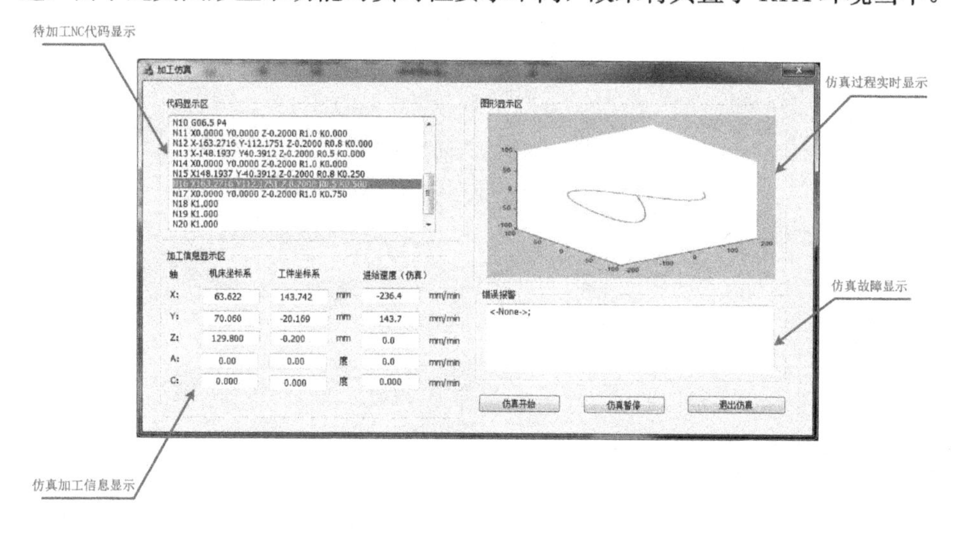

图 3–23 插补仿真模块

通过图 3–23 可以看出仿真模块可以很好的完成插补工作并能够将其加工轨迹动态的显示出来，从而验证了系统插补器的正确性与实用性。

3.8 本章小结

本章主要针对 NURBS 插补功能实现及算法进行研究。首先，针对于 NURBS 插补过程中速度对其加工的影响，提出了一种多因素的速度限制条件并对于 NURBS 指令的格式以及生成进行了讨论。其次，针对于目前 NURBS 插补算法出现的相应问题，提出基于 NURBS 曲线 S 形加减速寻回实时插补算法，该算法不依赖于曲线弧长的精确计算，采用正向与反向同步插补的方法，该算法无须求解高次方程并可以保证以确定的速度通过曲率极值点和曲线终点，很好地保证了插补过程中的实时性。最后，通过插补实例证明了算法简单高效并具有良好的适应性以及强实时性。

第 4 章　开放式数控系统软 PLC 关键技术研究及实现

4.1　概述

4.1.1　IEC61131–3 国际标准规定

IEC61131-3 标准颁布于 1993 年，其主要针对数据类型、标准功能以及功能模块进行定义。基于 IEC61131-3 标准所开发出的系统具有可移植性强、可靠性强、编程时间短、费用低等优点。

IEC61131-3 标准共分为四章、八个附录。其中，第一章和第二章主要进行 IEC61131-3 的简单概述以及进行相关必要声明。第三章对于两种文本编程语言结构化文本语言 ST 和指令表 IL，分别进行了语法、语义规定。第四章则对两种图形化语言梯形图 LD 和功能框图 FBD 进行规定。IEC61131-3 的附录则给出适用于不同系统内符合标准的 PLC 编程器文本语言完整的语法规范。五种标准语言的组成，如图 4–1 所示。

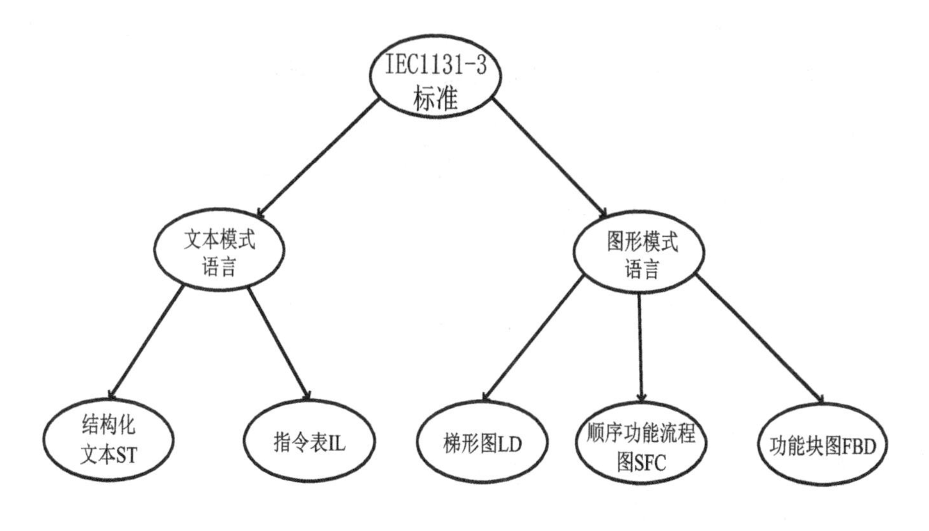

图 4–1　IEC1131–3 标准结构示意图

4.1.2 软 PLC 优势

随着计算机软硬件技术的提高，传统可编程控制器（PLC）由于缺乏通用性和兼容性导致传统 PLC 生产成本高、更新换代周期长等问题。因此，采用国际标准 IEC61131-3 并将传统 PLC 的逻辑控制功能封装在软件内并运行于 Windows 环境下的软 PLC 技术应运而生。

在工业控制领域中，软 PLC 可以与传统 PLC 一样，进行顺序控制、闭环过程控制等。由于软 PLC 可以在 PC 环境下以软件的形式实现 PLC 的控制功能，这使其与传统 PLC 有着很多显著的优点：

（1）体系结构开放。软 PLC 对于硬件的依赖性不强，可以根据需要广泛的集成各厂家生产的硬件，具有可根据用户的需求灵活的扩展系统功能的第三方软件接口并支持多种语言编程。

（2）可利用资源多。由于软 PLC 是基于工业计算机（IPC）或嵌入式 PC（EPC）进行开发的，所以其可以使用本身 PC 机内的大容量内存、高速 CPU 以及其他硬件，改变传统 PLC 受到存储器资源限制。

（3）遵循国际工业标准。采用国际通用标准，可提高 PLC 程序的可移植性、可互换性、可重用性。

（4）数据处理能力强。软 PLC 系统可以充分利用 PC 机的 CPU 对各类数据进行处理，并且由于 PC 机强大的数据存储能力使得数据的保存与管理更加方便。

（5）强大的网络通信功能。软 PLC 可以基于现今发达的网络环境进行信息共享或远程升级，充分发挥了网络功能在控制领域的重要作用和意义，也符合中国制造 2025 以及德国工业 4.0 的基本要求。

（6）具有友好的人机界面，便于操作，可以通过简洁的人机界面，方便的功能操作按钮实现用户所期望的功能。

4.2 软 PLC 控制系统结构划分

4.2.1 传统 PLC 结构

4.2.1.1 传统 PLC 结构

传统 PLC 主要由以下几个部分组成：中央处理器，控制用 I/O 接口，外设用 I/O 接口，扩展 I/O 接口，存储器，电源。传统 PLC 硬件组成示意图，如图 4–2 所示。

其中，微处理器（CPU）作为整个 PLC 的控制中心、运算中心承担众多工作，包括接受输入设备的状态、完成规定的运算和控制任务、输出运算结果和控制信号、诊断内部与外部设备信息等。

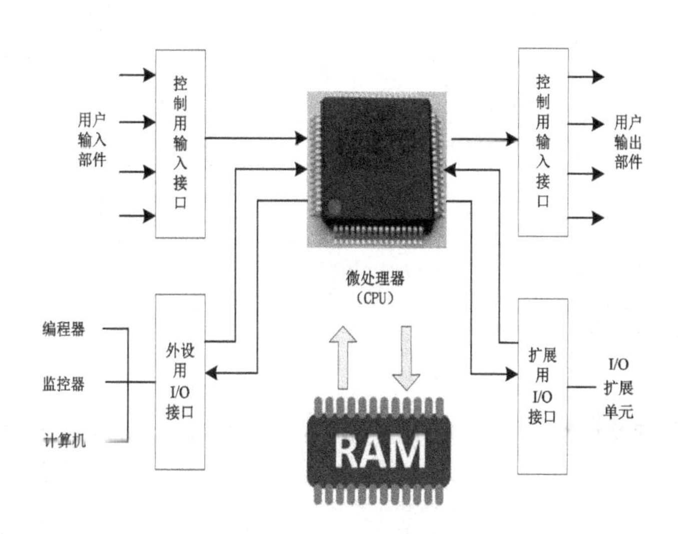

图 4–2 传统 PLC 结构框图

4.2.1.2 传统 PLC 原理

在数控系统中，PLC 主要负责传递 CNC 发送的 M、S、T 等辅助功能代码信息，进而控制机床辅助功能并同时能将外部设备的输入输出信号通过操作面板进行反馈。

传统 PLC 通过现场总线进行连接，各个 PLC 的状态经由总线传递至上位机进行统一的监控与管理。传统 PLC 采用由输入采样阶段、程序执行阶段和输出刷新阶段构成的循环扫描工作方式。

4.2.2 软 PLC 系统结构

软 PLC 系统由开发系统和运行系统组成，两个系统彼此相互独立，可分别单独运行但是彼此间又有一定联系，如运行系统需要读取开发系统的逻辑控制代码实现相关控制。

软 PLC 开发系统可以实现打开、保存、绘制 PLC 程序，带有调试和编译功能的 PLC 编程器；实现 IEC61131-3 标准规定的五种编译语言之间相互转换并且能够编译用标准语言编写的 PLC 程序；检测并提示程序中的错误，允许用户修改得到运行系统可以识别的命令；支持网络通信，通过 Internet 网络实现产品更新以及监控。

运行系统是软 PLC 的核心，它运行于 RTSS 环境中，随数控系统同时启动，与开发系统相互协作实现对机床的控制功能。运行系统主要是解释执行 PLC 程序的逻辑关系，对输入输出的数据进行存储和将开关量输出给机床等。基于第二章图 2–16 的开放式数控系统整体结构以及《中国制造 2025》关于智能制造的指导思想，本文软 PLC 系统的整体框图如图 4–3 所示。

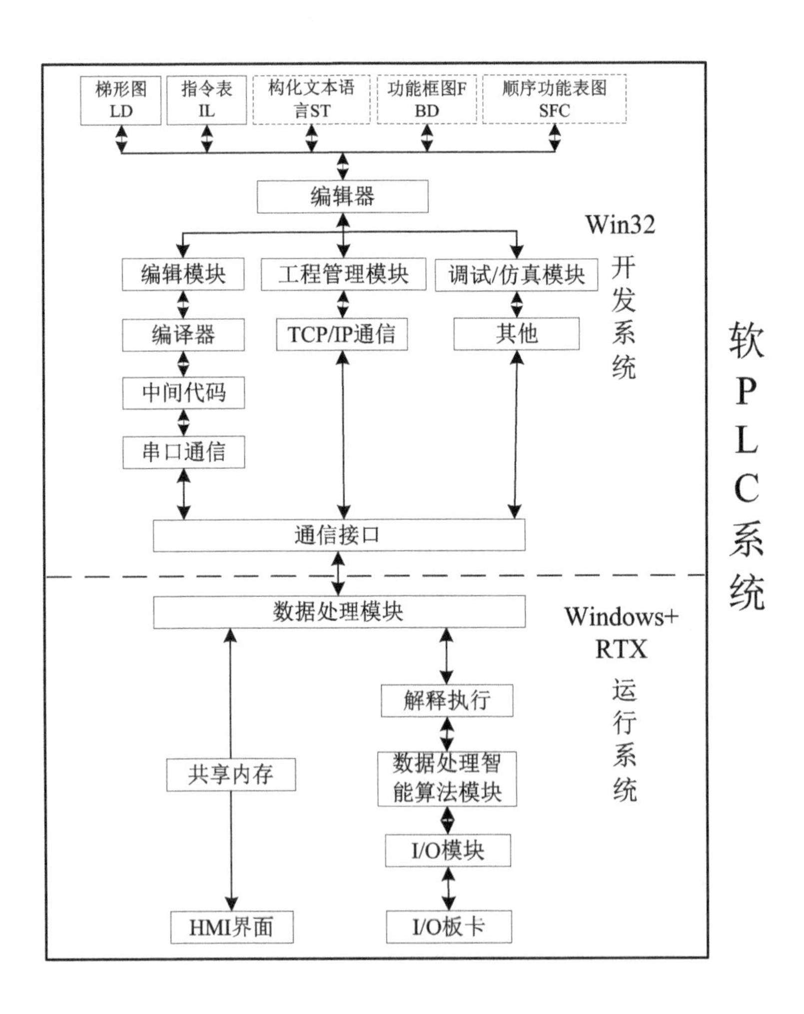

图 4–3　软 PLC 系统结构

4.3 软 PLC 关键技术

4.3.1 软 PLC 编程开发系统技术研究

如图 4–3 所示，软 PLC 开发系统核心功能可以分为编辑模块和编译模块两个部分。考虑到梯形图 LD 的直观性以及指令表 IL 语言简单易学，容易实现与 IEC61131-3 的其他语言相互转化的特性，本系统选用图形语言梯形图 LD 和文本语言指令表 IL 作为编程语言。对于其他三种编程语言语言可根据需要进行添加。

目前，针对于开发系统相关技术如编辑器开发基础和编译器开发技术国内外学者已经进行了大量研究。

4.3.1.1 开发系统中编辑器的实现

开放系统的编辑模块主要由梯形图编辑器，指令表编辑器以及转换模块构成。梯形图编辑器采用图形的方法表示出各个符号与功能块，用户只需要简单操作就能将其按一定逻辑关系显示在梯形图编辑区内，进而完成梯形图绘制。具体的实现方法为：基于 VS2012 平台建立基于多文档的 MFC 应用程序，将各个软元件以位图（.bmp）的方式进行编辑并建立能够输入相应元件的参数信息的弹出框，最后将位图以及相关信息，按照一定逻辑关系通过 onDraw() 函数绘制到编辑器绘图区并能够准确显示。指令表编辑器则是采用文本的形式将机床控制逻辑关系和内部相关运算都以命令和操作数的方式实现。转换模块则是在已绘制的梯形图与相同逻辑功能的指令表间相互转换。

4.3.1.2 开发系统编译器的实现

编译器负责对编辑器生成的带有逻辑控制功能的 PLC 编程语言按照规定的语法语义进行解释翻译，得到下位机可识别的目标代码供下位机运行。由于指令表语言类似于汇编语言，具有很高的灵活性和较高的透明度并且其他标准语言都可以和指令表语言相互转化。所以，本系统针对指令表语言进行分析和编译。

指令表是面向行的编程语言，每一条指令对应 PLC 控制器可执行的一项命令，其指令结构主要由程序序号、分隔符、操作符或操作数以及注释组成如图 4–4 所示。

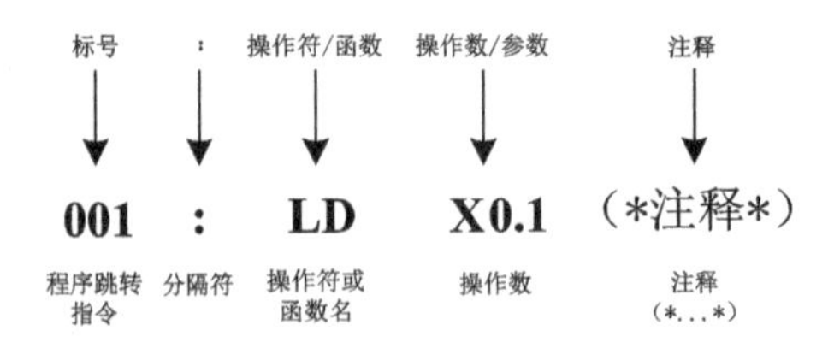

图 4–4　指令表结构示意图

编译指令表语言主要通过：词法分析，语法分析和语义分析三个步骤进行。词法分析主要通过 Lex 生成词法分析器，Lex 根据用户预定义的词法规则对于带有逻辑控制功能指令表采用关键字匹配的方法进行扫描，然后将其按顺序进行保存。语法分析主要通过语法分析器 Yacc（Yet Another Compiler-Compiler）生成，其能够将任何一种编程语言的所有语法翻译成针对于此种语言的 Yacc 语法解析器，由该解析器完成对相应语言中语句的语法分析工作。最后，通过词法分析软件与语法分析软件相结合的方法生成整个编译器。

4.3.2　软 PLC 运行系统技术研究

软 PLC 运行系统采用基于扫描周期的工作方式检测数控系统内部或者外部设备所传递的信号，并能够根据各种逻辑指令快速做出响应，其工作原理如图 4–3 所示。软 PLC 运行系统周期地采集外部设备的输入，同时将输入信号存入到数据处理模块内的输入映像区并刷新输入映像区。然后，运行系统读取映像区的相关数据，解释执行中间代码，同时把运算结果在智能算法模块内进行校验，当校验通过后写入到输出映像区。最后，运行系统根据输出映像区的数据控制 I/O 板卡相应的输出端口，完成所需的逻辑控制。

4.3.2.1　程序解释模块的实现

程序解释模块主要负责解释由开发系统所编写的指令表，是软 PLC 运行系统的核心模块，在 VS2012 平台编写指令表信息存储结构如下：

```
struct INSTRUCTION
{char Order;// 操作码
char Name;//0=X,1=Y,2=M,3=T,4=C;
float Code;// 元件代号
unsigned short Para;// 参数
unsigned short CodeF;// 中间转换代号用来将小数转换成整数
```

} Instruct[1002];

软 PLC 对于系统的实时性要求较高，故将其置于 RTX 环境下利用 RTAPI 提供的定时器功能进行建立，定时周期可以根据需要自由设置。程序解释模块执行过程是否合理直接影响了其运行效率，本文采用由上至下逐行扫描关键字的形式执行对应的程序，使整个运行系统可以快速、准确的对指令表进行解释翻译，进而实现控制功能。在一个扫描周期内程序解释模块运行的流程如图 4–5 所示。

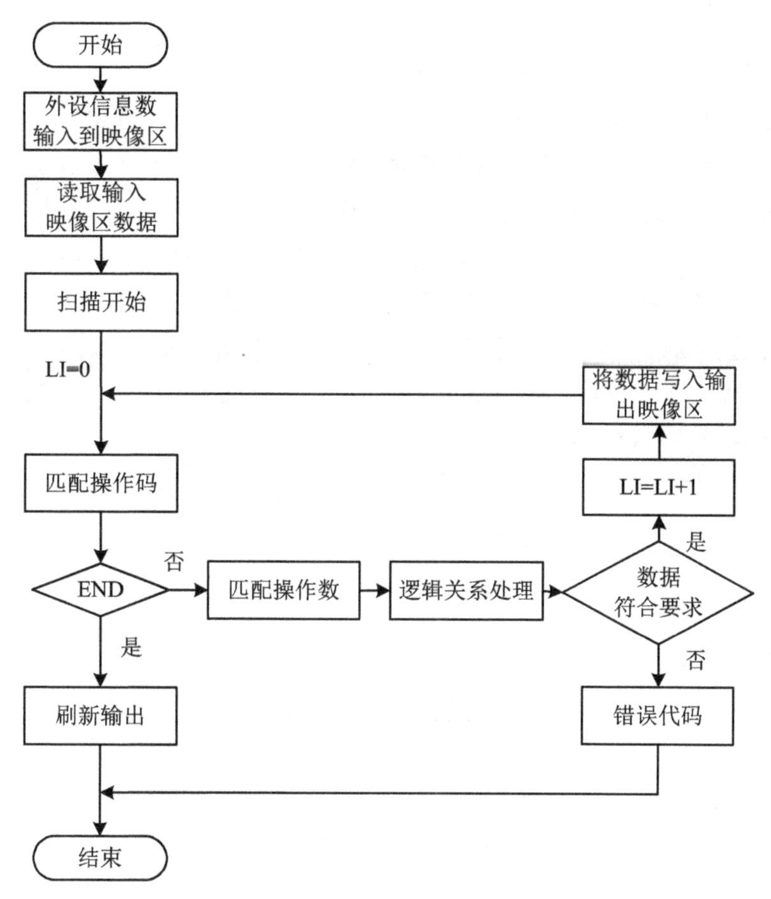

图 4–5　程序解释模块流程图

解释模块会按照固定的扫描周期读取输入映像区的数据，并基于此对指令表进行扫描，通过操作码（Order）和操作数（Name，CodeF）进行关键字匹配的方式定位到解释程序，计算结果经验证后写入至输出映像区中。当读取到结束指令 END 时，则指令表扫描结束，系统对输出映像区的数据进行输出。

对指令表逻辑关系的处理能力是衡量软 PLC 系统性能的重要指标，传统方式用类似内存寻址加堆栈的方式逐级找到对应的地址进行逻辑处理，效率比较低。本文采用幂位运算加堆栈的方式根据操作数中的 CodeF 与 2 进行幂运算再与输入、输出映像区中的数据进行位运算，根据位运算的结果来判断逻辑的通与断（0 或 1），最后将逻辑结果放入到堆栈中，可以实现快速、准确处理指令表的逻辑关系，提高整个系统运行效率与稳定性。

4.3.2.2 系统 I/O 模块的实现

软 PLC 运行系统通过 I/O 模块与机床硬件相互关联，I/O 模块在软 PLC 系统中主要负责采集外部硬件或传感器的输入状态并将其存入输入影响区中和读取输入映像区的数据，控制 I/O 板卡输入端口位的状态。本文通过建立映射将输入 / 输出映像区中数据与 I/O 板卡的各个端口位进行关联。输入 / 输出映像区以字（Word）为单位划分成若干段，因为通常 I/O 板卡的每个端口对应 8 个位，所以 I/O 板卡的两个端口对应输入 / 输出映像区中的一个字，输出映像区第一段与 I/O 板卡输出端口位的映射关系如图 4-6 所示，输入映像区与输入端口位映射关系与此相同。

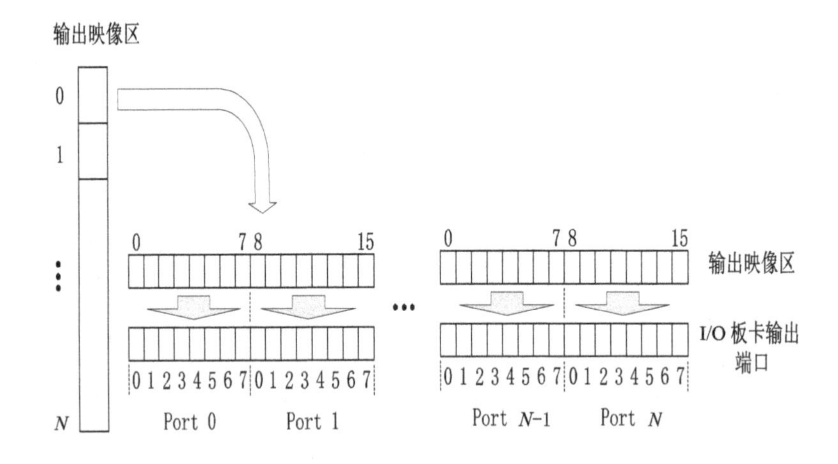

图 4-6 输出映射区与 I/O 板卡端口映射关系

大部分 I/O 板卡以动态链接库的形式向用户提供了各种函数，利用这些函数，通过映射关系，运行系统就可以快速的读写 I/O 板卡端口位的状态，从而控制机床的各种逻辑指令。其工作流程如图 4-7 所示。首先，系统判断 I/O 板卡是否打开，当 I/O 板卡打开后 I/O 模块读取外部设备或者是由传感器反馈的数据并将其写入输入映像区内，此时根据输入映像区的内容对指令表的逻辑控制状态进行更新，并将更新后的数据写入输出映像区内。I/O 模块读取输出映像区更新后的数据，控制 I/O 板卡各个端口位的状态，进而实现相应的逻辑控制功能。

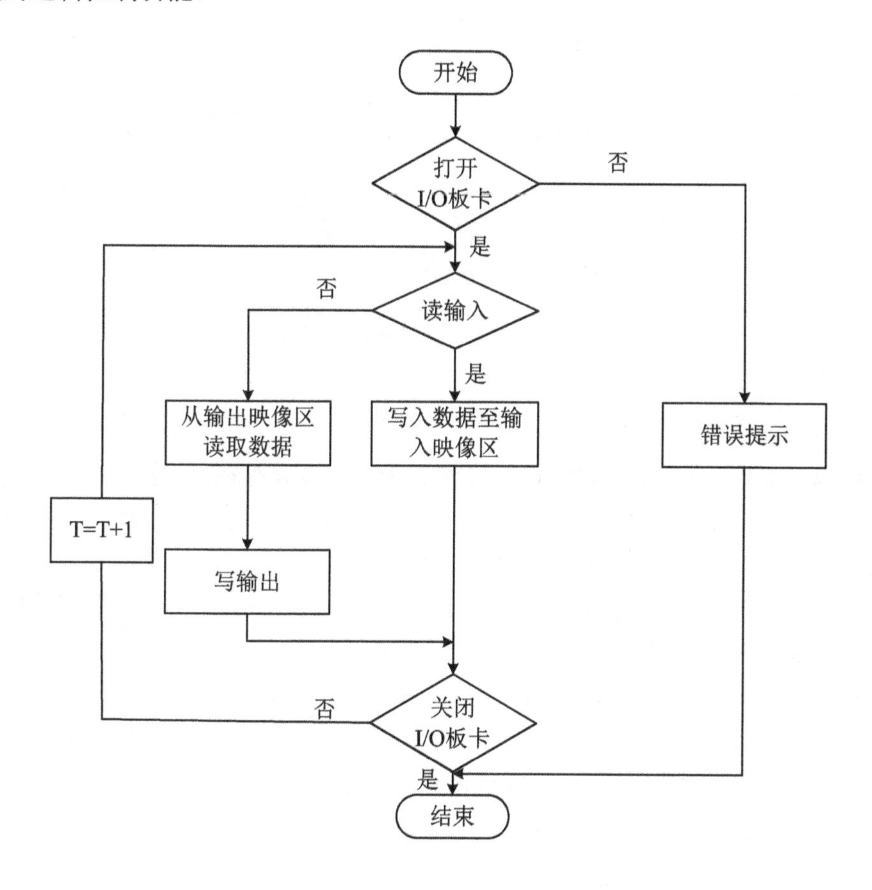

图 4–7　I/O 模块读写流程图

4.4　基于 RTX 的软 PLC 实现

4.4.1　软 PLC 实现总体框架

本系统采用多处理器下的多进程、多线程并行处理计算，并采用基于共享内存的数据交互模式实现基于 RTX 并行处理的软 PLC。软 PLC 实现的总体框架如图 4–8 所示。

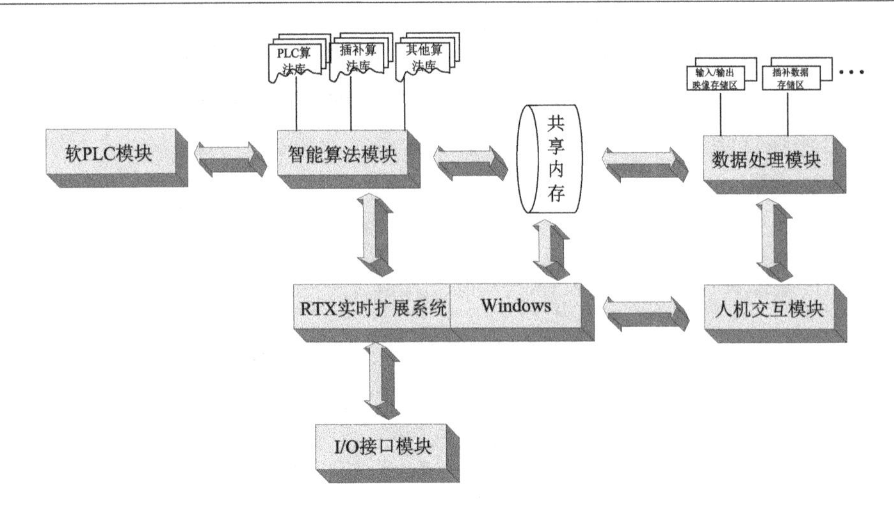

图 4-8 软 PLC 实现总体框架

软 PLC 采用层级式并行软件结构，其中第一层为数据处理集成环境；第二层为 Windows 进程与实时进程 RTSS；第三层为输入 / 输出层。

数据处理集成环境主要负责控制代码生成、算法调用、数据处理，将软 PLC 所生成的控制代码经过智能算法模块进行校验，然后经过共享内存传递至数据处理模块进行存储。在 Window 进程与 RTSS 进程层当中，两者采用共享内存的方式进行交互。RTSS 实时进程通过采集外部传感器信息和计算内部变量，依照智能算法模块内相应的控制算法通过通讯接口软件传递数据去控制输入 / 输出层的相关硬件设备进行工作。人机交互模块属于 Windows 非实时进程，本文采用基于 IDB 交互数据库的方法建立一个简单方便、可在线修改参数的人机界面。输入输出层则是根据系统控制实现主机与外部设备间各种信号的传递与数据交互。

4.4.2 人机交互模块

本系统基于 WIN32 系统环境下通过与 IDB 数据库交互的形式，建立人机交互界面 HMI。采用 IDB 交互数据库存储系统参数可以保证在系统运行的过程中实现对参数的修改，使整个系统可以针对各种情况进行及时调整，增加了系统适应性，提高系统运行效率。

用户和系统交流需要以界面作为媒介，软 PLC 系统的人机界面应该包括可以控制 PLC 逻辑控制程序输入的面板控制量，如启动、主轴正转、冷却液开等。面板显示灯如气泵状态，自动状态等为 PLC 控制程序的输出量。控制

PLC 软件的运行和关闭的控制信号按钮，如 PLC 启动、停止等。显示 PLC 系统运行状态的编辑框以及用于设置 CNC 和 PLC 系统参数的对话框。基于此，本文采用 VS2012 的 MFC 类库建立一个简洁、实用的人机交互界面 HMI，所设计的人机界面见 4.5 节。

4.4.2.1 数据显示线程

基于智能制造的指导方向，人机交互界面需要同时对一些获取的输入数据、处理结果以图表的形式显示出来便于对结果进行分析，如显示某一运动轴进给速度曲线、加速度曲线等。基于人机界面的数字显示线程不需要太强的实时性，故本文采用 Win32 进程从数据处理模块中提取相关数据进行显示，由于计算机每帧数据显示速度远远超过肉眼可识别范围，故只需要显示出的图形平滑，无跳跃感即可。本系统选用 50 帧为刷新时间进行数据显示，由于显示线程的优先级比较低，故可以等待 CPU 进入空闲状态运行即可。如图 4–9 为数据显示线程算法图。

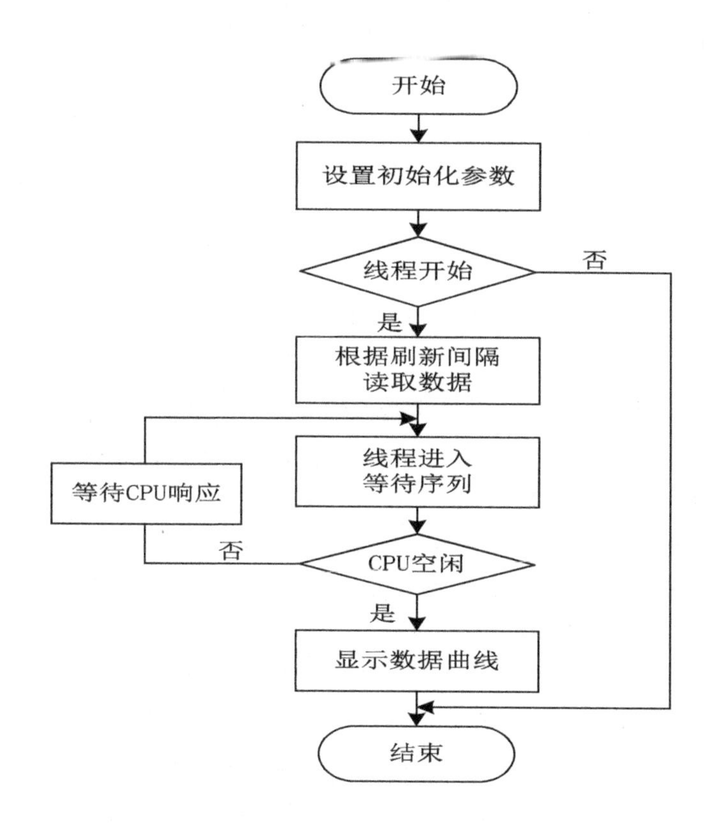

图 4–9 数据显示线程

4.4.2.2 IDB 交互数据库

IDB 交互数据库通过 VC 对系统程序进行编译生成可以保存管理程序执行过程中的所有参数。每个程序内都包含大量存储不同信息的参数，而且有一部分信息参数以只读方式存在不允许用户进行修改。由于人机交互界面经常需要进行参数的读写，所以合理的文本格式有助于参数信息的查找与修改。IDB 交互数据库采用为结构化的文本格式将程序内各类参数分别保存，可以对参数文件实现数据快速解析和读取，交互数据库文件格式如图 4–10 所示。

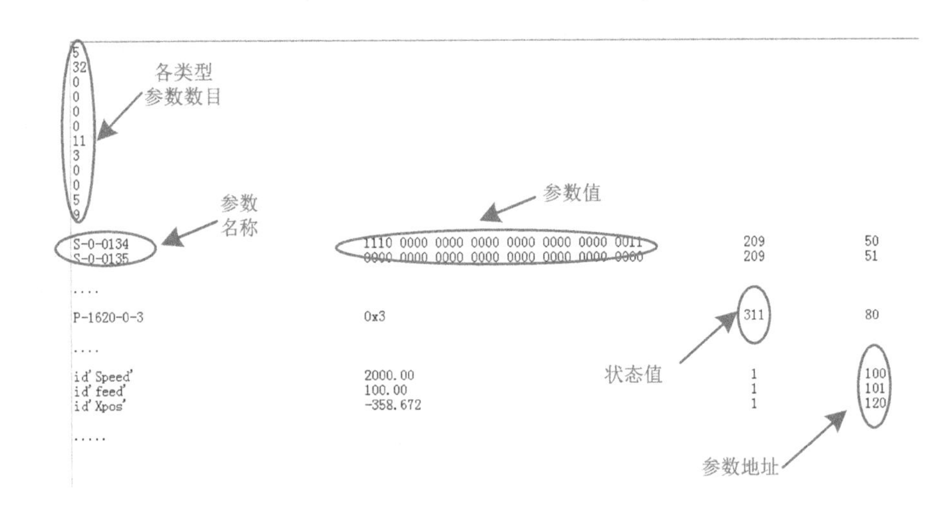

图 4–10 .idb 文件格式

本系统针对经常需要修改的参数，如主轴转速、开关控制布尔值等，保存在一个固定的参数文件中，其中参数文件只保存参数名称及参数的参考范围。IDB 文件保存参数名称，当用户对系统参数进行调整后，通过参数文件和交互数据库文件之间的相互关联映射保存到 IDB 文件中。参数文件和 IDB 文件可以通过系统内的参数配置管理工具和参数文件管理工具进行配置。

参数文件与 IDB 文件的映射关系通过映射列表实现，如图 4–11 所示。当用户针对某一个参数进行修改时，首先根据该修改参数在参数文件内的索引值通过映射列表快速查找在 IDB 文件中与之索引值相同的参数，然后在 IDB 数据交互文件中将该参数的值进行更新。映射列表通过增加内存使用量的方法提高查询、定位 IDB 文件参数位置的速度。

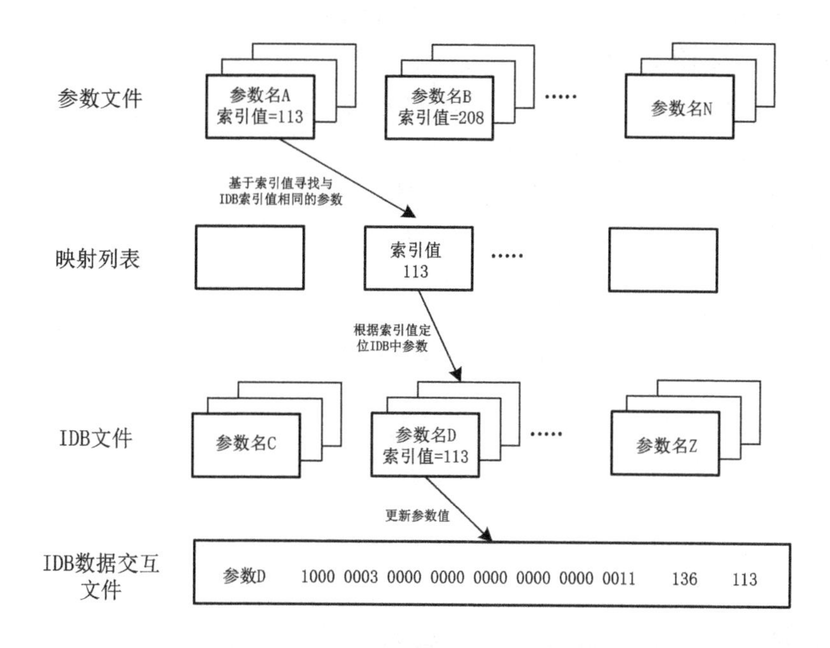

图 4–11 参数文件与 IDB 文件映射关系图

4.4.3 数据处理模块

4.4.3.1 基于 IPC 共享内存的数据交互技术研究

实时进程与非实时进程通过数据处理模块建立的共享内存进行数据交换，实时进程在固定的周期内将运算结果和外部信息反馈量存入数据处理模块共享内存中，非实时进程则从中提取数据进行显示。由于实时进程的写数据操作与非实时进程的读数据操作是同时进行的，系统内读操作的优先级应高于写操作的优先级，为了防止非实时进程在读数据的过程中，恰好实时进程写入新的数据导致所得到的结果产生误差。本文选用环形共享内存的设计方法对数据进行存储。

共享内存对象是一片非分页物理内存区域，其分为 N 个首位地址相连的内存块结构设计图如图 4–12 所示。

N 的取值大小将会对整个系统造成影响，由实时系统的刷新时间，Windows 进程进行数据存储与显示的时间以及数据解算次数而定。N 取值过小会出现数据丢失的现象；N 取值过大则会造成资源的浪费。

RTX 内自带的 RTAPI 提供 RtCreatsharedMemory() 建立共享内存函数

以及 RtOpensharedMemory() 打开共享内存函数，使用户可以进行共享内存的创建与打开操作。此外，RTX 支持 RTSS 进程与 Win32 进程间的共享内存通信，通过其自带的 RTAPI 创建事件对象、信号量对象、内存对象、互斥对象等进程间的通信对象来实现。为了保证 RTSS 对外部事件响应的确定性避免虚拟内存因缺页产生的延迟，RTSS 进程下的 IPC 对象都被分配在非分页内存中。

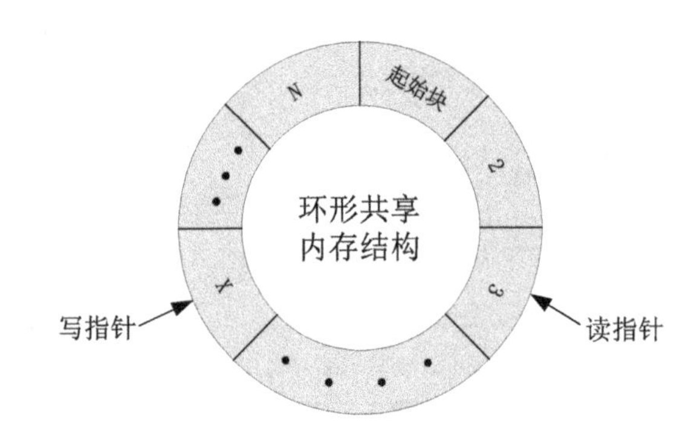

图 4-12　环形共享内存

环形内存读 / 写流程图如图 4-13 所示，其首先初始化设置数据和控制状态，然后创建共享内存、建立环形缓冲区队列。最后，RTSS 实时进程与 Win32 非实时进程以指针的形式在队列中进行相应的操作。

4.4.3.2　数据缓存线程

数据缓存线程采用一个 100M 内存的缓冲区快速的与共享内存进行数据交互，而不是进行数据存储，其工作原理如图 4-14 所示。

数据缓存线程首先打开共享内存，从共享内存中读取线程开始标识符处开始，按照一定的时间间隔从环形共享内存中提取数据进行数据缓存处理，当读取到结束标识符时进程结束。

4.4.3.3　数据保存线程

数据保存线程按照固定的周期访问缓存区的数据，将其拷贝至数据处理模块中进行存储。若线程由于其他因素需要被中断时，数据保存线程将缓存区所有数据拷贝完成后，清空缓存区当前内容并将剩余数据在缓存区重新堆栈，退出数据保存线程，数据保存线程流程图如图 4-15 所示。

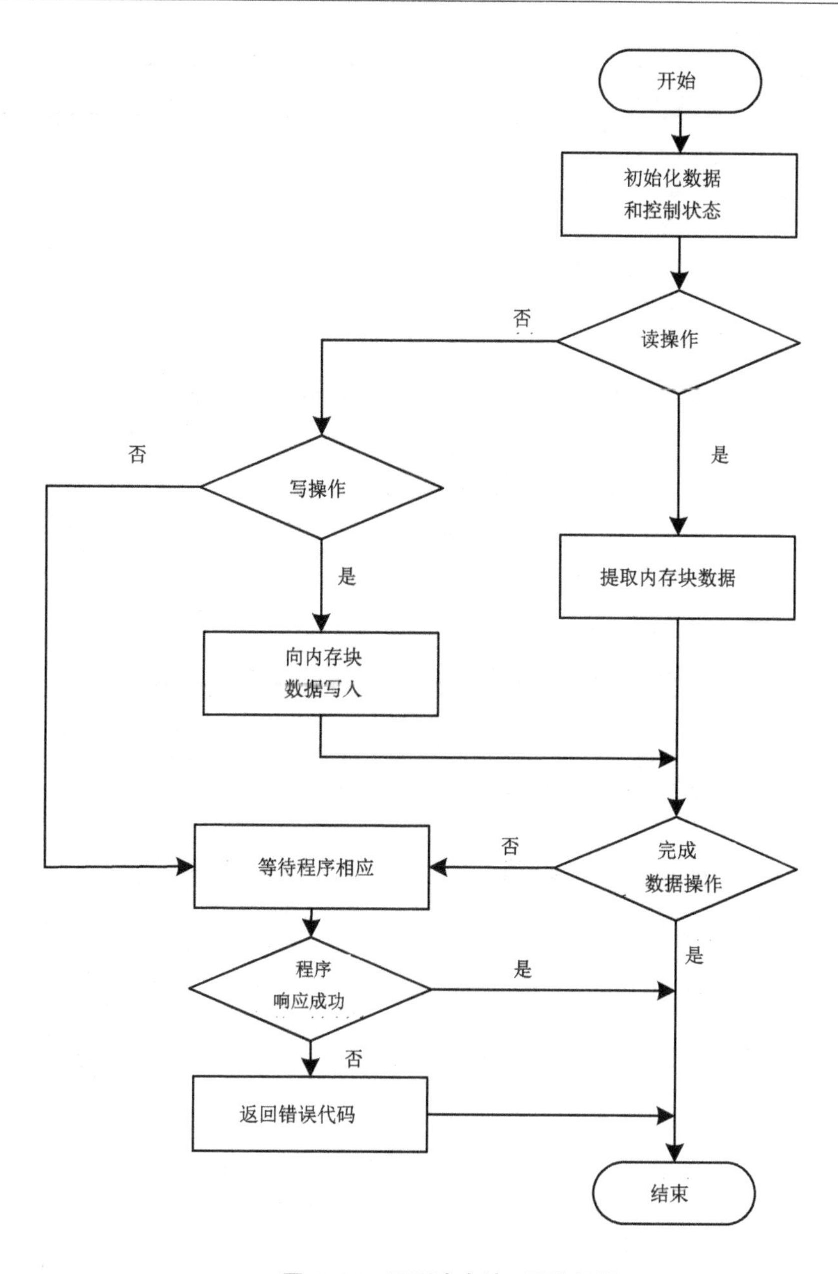

图 4-13　环形内存读 / 写流程图

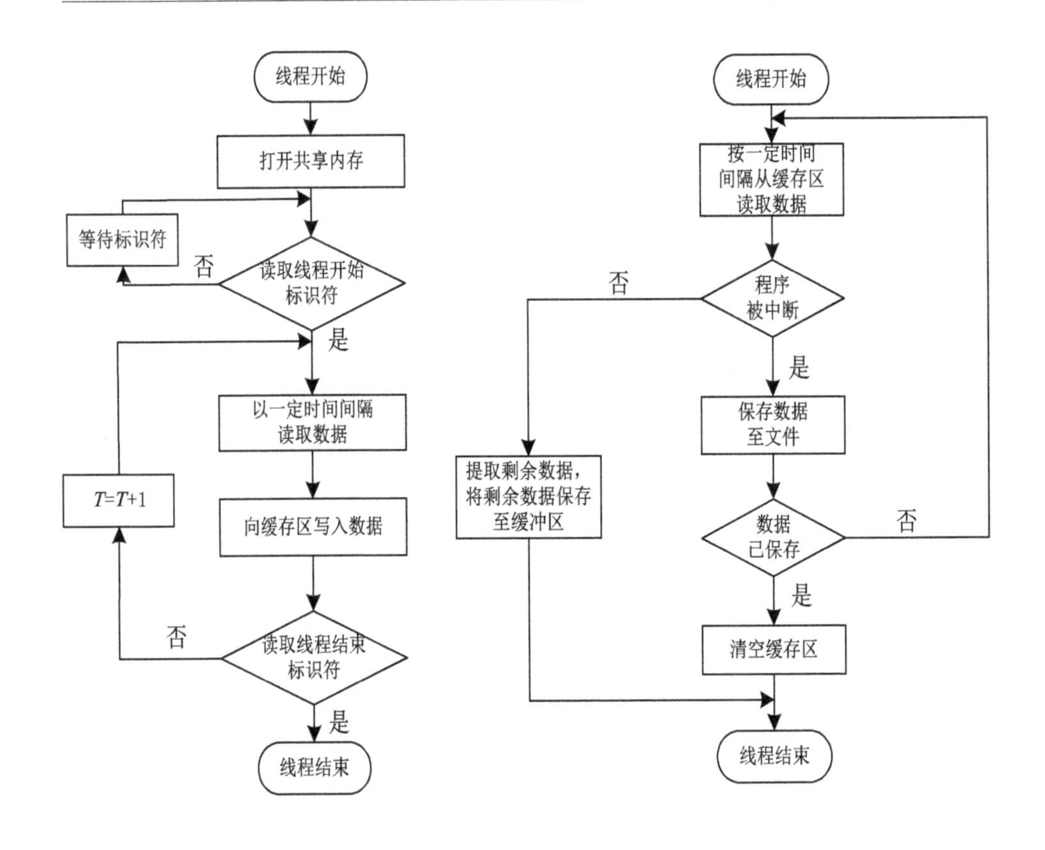

图 4–14　数据缓存线程流程图　　**图 4–15　数据保存线程流程图**

4.4.4　智能算法模块

智能算法模块作为整个系统的核心，承担着实时计算、处理数据、智能反馈等最为关键的任务。本系统的智能算法模块主要针对两个方面进行开发，首先，NURBS 插补智能算法模块在进行实时插补时，智能算法模块需要根据前瞻插补算法所提供的数据进行速度校验，然后根据本文所提出速度控制算法对插补速度进行重新计算并将新的速度值通过 SERCOS 命令通道传递给伺服系统完成整个闭环指令。其次，系统内软 PLC 的 I/O 模块会实时对外界的输入或者输出进行监控，当外部传感器获取相应加工信号参数时，如加速度参数，加加速度参数等，智能算法模块可以根据软 PLC 所提供的外界数据对目前加工状态进行分析，按照一定的算法对整个加工进行合理控制，从而达到智能化制造的目的。

智能算法模块是基于 RTX 环境下开发的，首先 RTSS 主线程打开共享内存、获取 IPC 指针，对 SERCOS 环进行初始化以及命令通道和服务通道的搭建，然后设定系统相关初始化参数，如扫描周期、清空数据缓存区等，如图 4–16 所示。此时当系统所需的各类参数设置完毕后，进入到 RTSS 智能算法子线程，如图 4–17 所示，图 4–17(a) 为 NURBS 实时插补计算子线程以及图 4–17(b) 为软 PLC 子线程流程图。

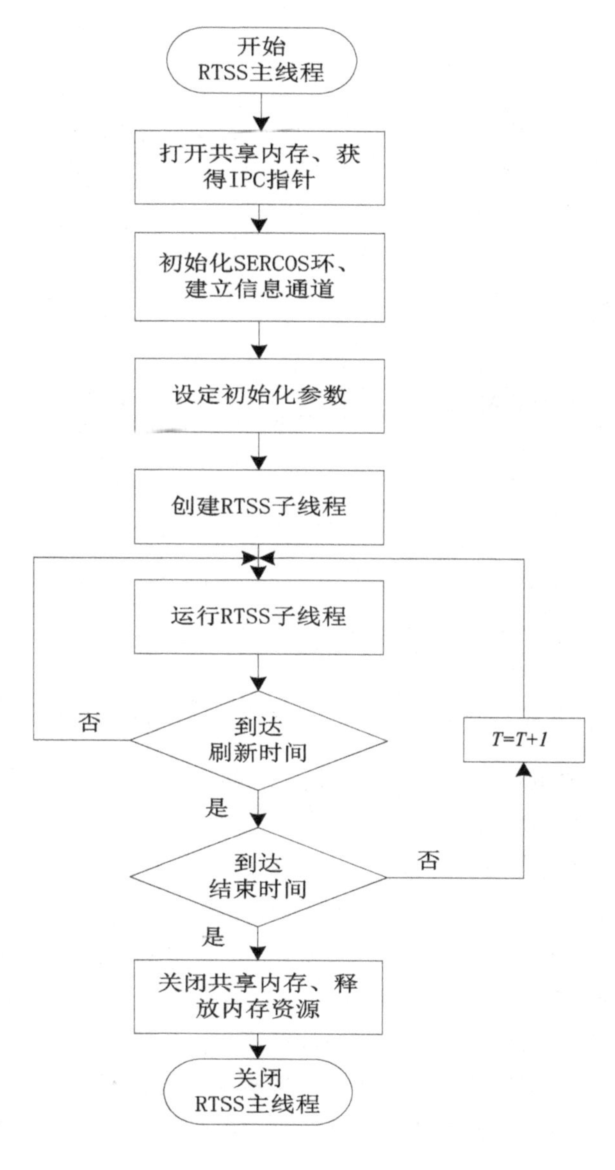

图 4–16　RTSS 主线程

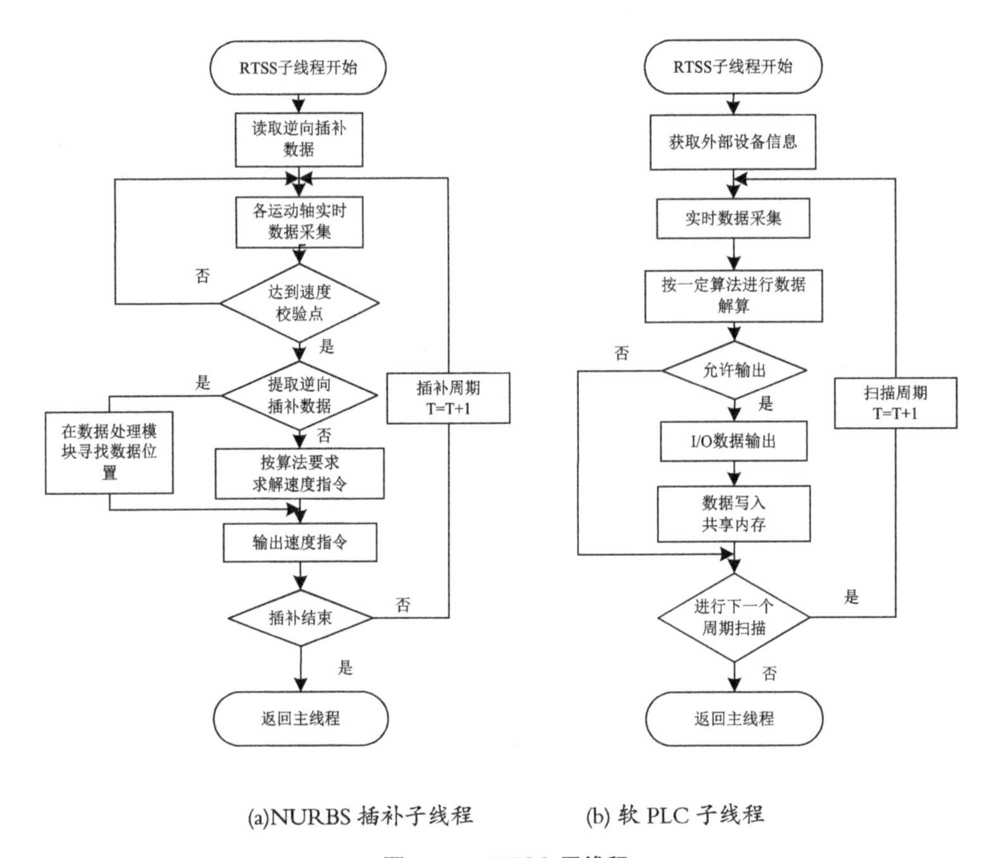

(a)NURBS 插补子线程　　(b) 软 PLC 子线程

图 4–17　RTSS 子线程

4.4.5　数据处理模块与智能算法模块实时数据交互实现

数据处理模块包括两个核心部分其中一部分如上文所述 HMI 通过 IDB 文件与共享内存进行数据交互，另一部分则为对系统实时采集的信号和处理的数据进行记录和保存，其主要为系统内智能算法模块提供数据分析基础。

共享内存作为 Windows 进程与 RTSS 进程间数据的桥梁，需要在 Windows 环境下进行创建。当需要处理实时数据时，任务调度器首先打开 RTSS 主线程通过读 / 写指针将结果存入已经建立好的环形共享内存中，此时任务调度器打开 RTSS 子线程调用智能算法模块中的相应算法进行智能控制。为了防止在数据交互中大量的读写数据会造成数据溢出，本系统采用溢满计数器 NBUFFULL 记录内存溢出次数。当对某一运动轴的速度曲线进行绘制，因为不需要对整个曲线进行精确表示，只需要反映出大致变化趋势即可，则可将溢满计数器的数值设置相对较高。当系统需要调用的实时运动控制指令时，则需要将溢满计数器设置为 0，从而严格控制数据的读写。

考虑到在数据读取与写入的过程中，数据的写入所需要的时间远远大于数据读取所需要的时间，将会导致写操作覆盖了读操作造成数据的丢失，本系统采用 RTX 同步机制中互斥量、信号量等操作来实现读优先的算法，保证数据传输的正确性。

基于读写操作抢占线程的思想，本系统采用的实时读优先线程算法方案如下：首先共享资源建立一个包含可读信号量、读信号量、写信号量、读标识计数、读等待计数量的结构体如下所示。

```
Typedef struct MUTEX
{
BOOL ARead;
BOOL Read;
BOOL Write;
int  waitRead;
int  Readflag;
} MParameter[5]
```

其中，读写互斥信号量反映共享内存是否处于读写状态，可读信号量用来实现并发读操作。读等待计数量用来设置读动作的优先级。由于写操作没有设置相关表示码，故只能进行串行写操作。在读写抢占线程开始前应将读信号与写信号状态置为“TRUE”，可读信号状态置为“FALSE”，读标识计数器清零以及读等待计数器清零。

读线程算法：实时进程首先对结构体中读写互斥信号量作出判断，当互斥信号量存在时则进行数据处理，若可读信号量状态为“TRUE”，则读标识计数加“1”，开始读数据操作。当数据读取结束后，读标识计数器减“1”。若此时读标识计数器为“0”，则将可读信号状态置为“FALSE”，读写互斥信号量置为“有信号”。当进行其他操作时，可读信号量为“无信号”，若要终止当前操作执行读操作时，实时进程抢占读写互斥信号量并将可读信号量置为有信号，此时实时进程进行读数据处理，否则读等待计数器加“1”直至可读信号量为“有信号”为止，将读等待计数器清零在进行读数据处理。

写线程算法：若可读信号量、读写互斥信号量均为“FLASE”状态，则实时进程进入写操作，开始向共享内存写数据，当写操作结束后，将读写互斥信号置为“TRUE”，并判断读等待计数是否为“0”，若为“0”则继续进行写操作，若不为“0”则将可读信号置为有信号并开始读操作。

读写抢占线程算法流程图如图 4–18 所示。

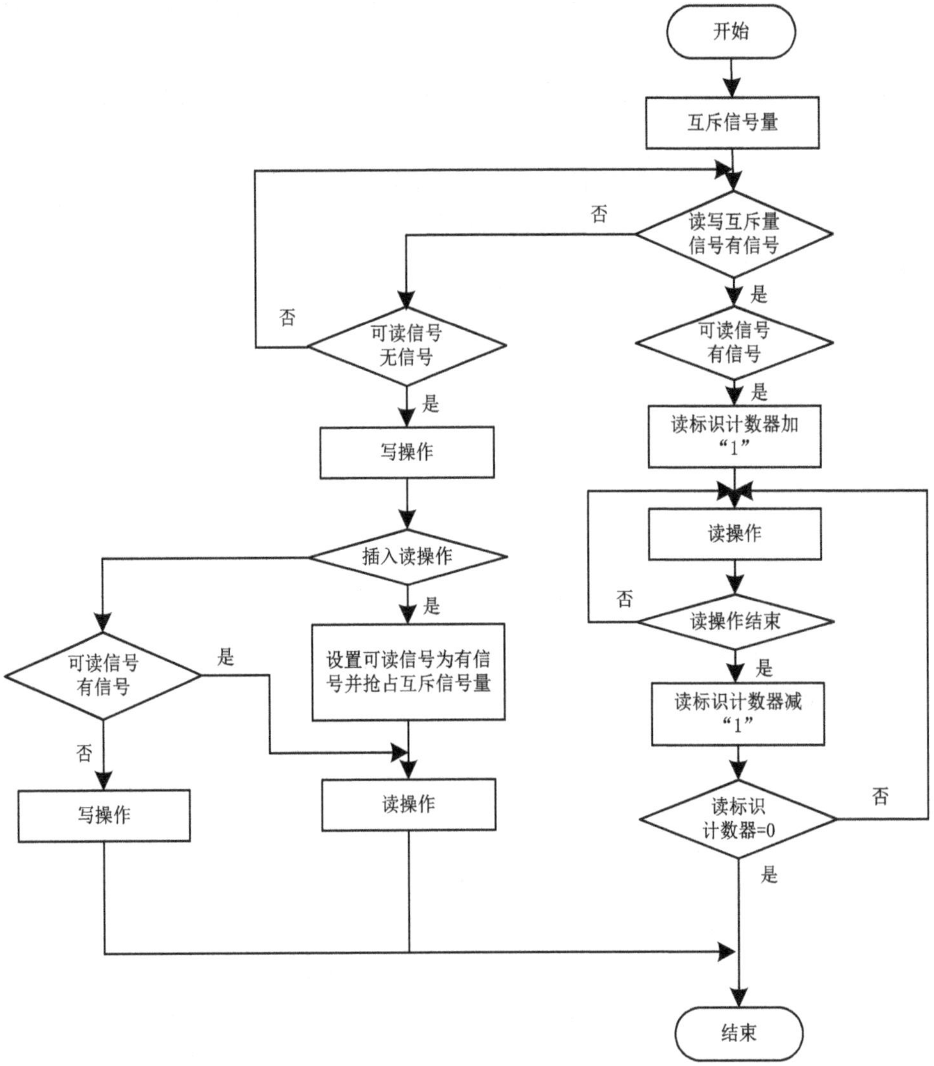

图 4–18　读写抢占线程算法流程图

4.5　实验验证及性能分析

软 PLC 测试平台的硬件包括研华工控机 + 研华 PCI-1758UDIO 板卡 + 研华 39100 接线端子 + 洛克电子控制面板 + 拓璞五轴数控铣床床体。软件平台为 Windows+RTX8.1。利用 VS2012 设计的开发系统界面如图 4–19

所示：

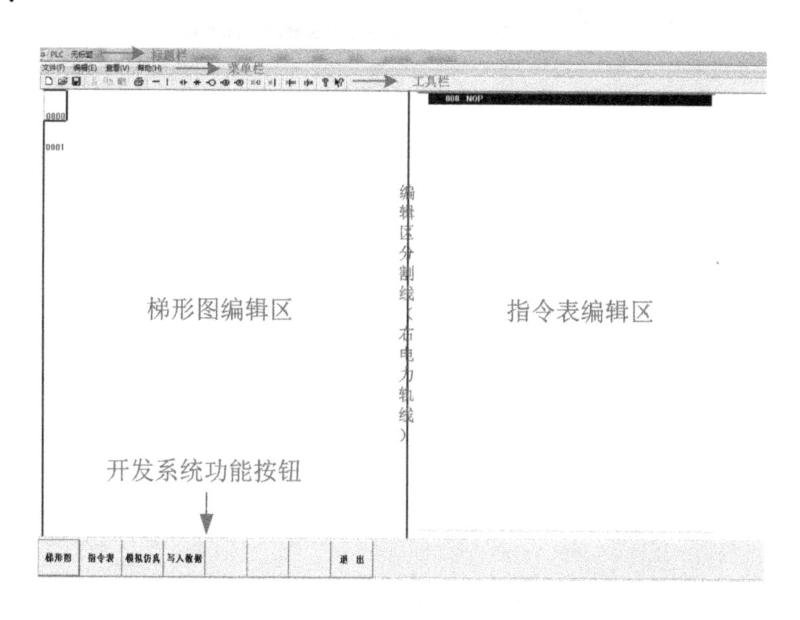

图 4–19 开发系统界面

界面可以分为七个部分："标题栏"显示当前工程名称，"菜单栏"用于对文件进行打开、保存、编辑、复制、粘贴等，"工具栏"用于在进行梯形图编辑的过程中选取相应的图元按钮，可供用户进行梯形图编程的"梯形图编辑区"，可供用户进行指令表编程的"指令表编辑区"，以及可供用户选择编程模式、模拟仿真以及将编程语言转化成运行系统可以识别代码的写入数据按钮的"开发系统功能按钮"区。用户可以通过"开发系统功能按钮区"选择梯形图或者指令表对于编程模式进行替换，在梯形图编辑区被激活时可以根据工具栏提供的相应元器件按钮或者直接在元件选取弹出框对所需要的元器件进行选取以及对其相应参数进行设置，最后按照一定逻辑进行放置完成图形编辑，当指令表编辑区被激活时，可以按照弹出框所显示的规范化的文本格式进行编辑，如图 4–20 所示。当编辑完成后梯形图可以根据需要转化为指令表程序。指令表可以进一步被编辑，然后经过编译显示错误并通过错误显示弹出框提供错误信息，如图 4–21 所示。为了更好的判断所编写梯形图或指令表逻辑控制功能是否准确，用户可以点击"模拟仿真"按钮进行 I/O 输入输出逻辑模拟仿真，如图 4–22 所示。当程序内不包含错误，则可以生成目标代码，通过"写入数据"功能按钮写入共享内存中从而使运行系统完成调用。

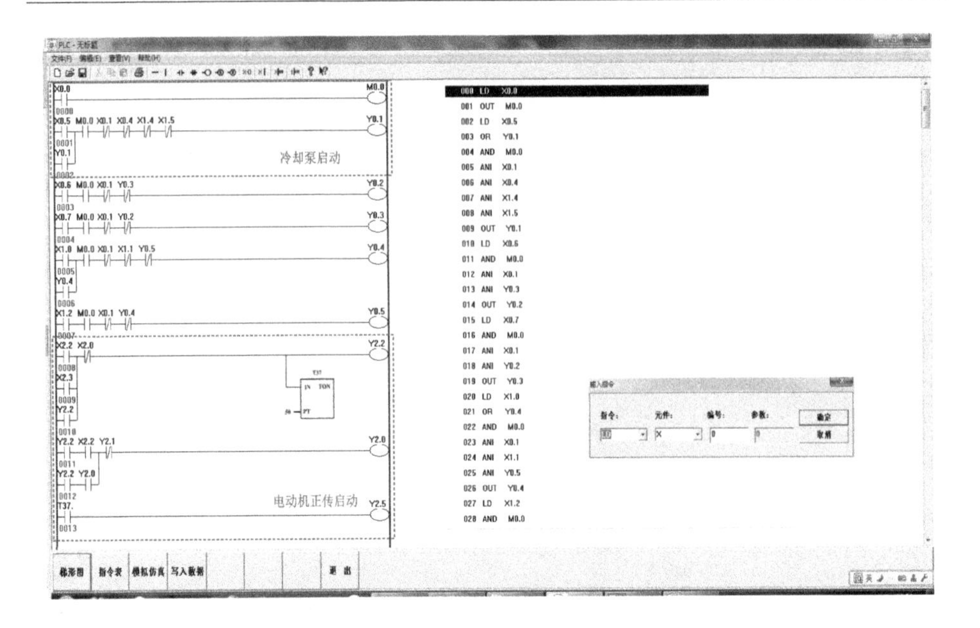

图 4-20　软 PLC 梯形图 / 指令表编辑

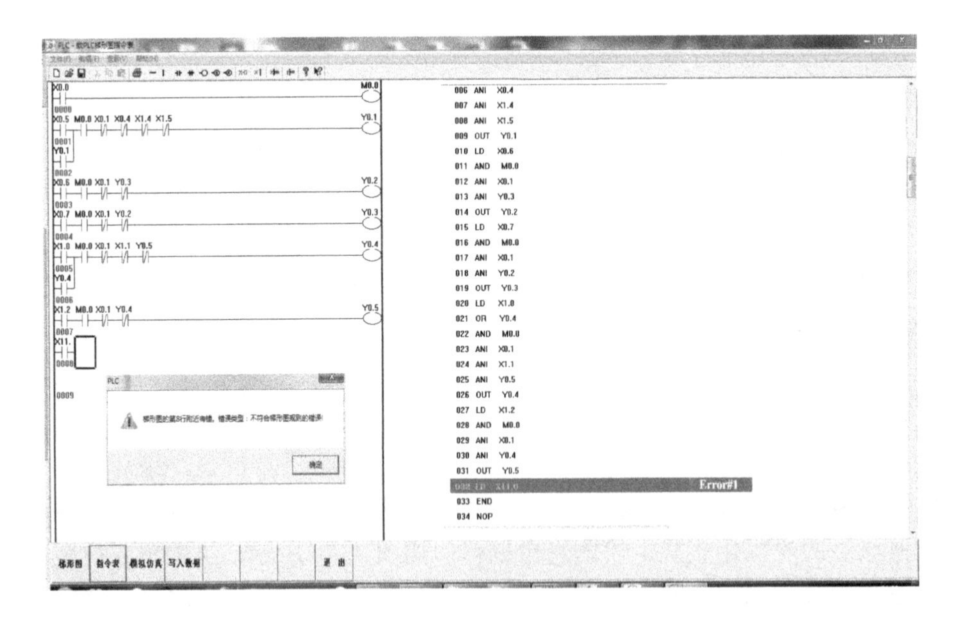

图 4-21　错误提示功能

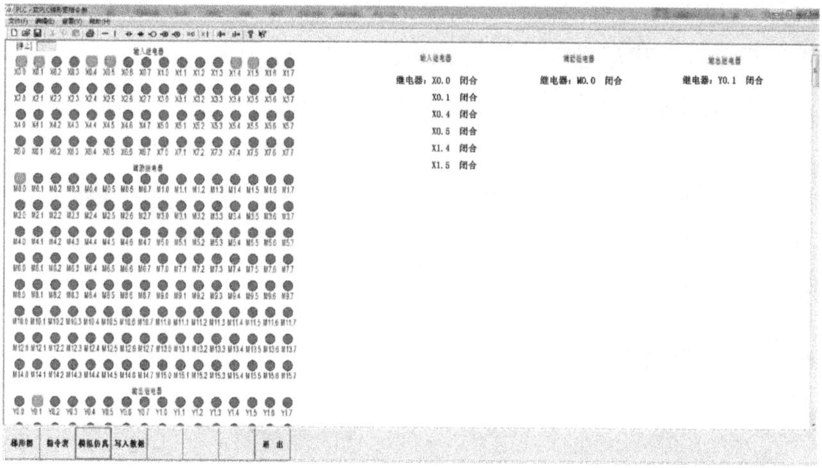

图 4-22　仿真功能图

PLC 运行系统以及其他各模块，如数据处理模块，智能算法模块以及 HMI 模块通过图 4-23 所示的冷却泵启动和主轴电机启动逻辑关系进行验证。

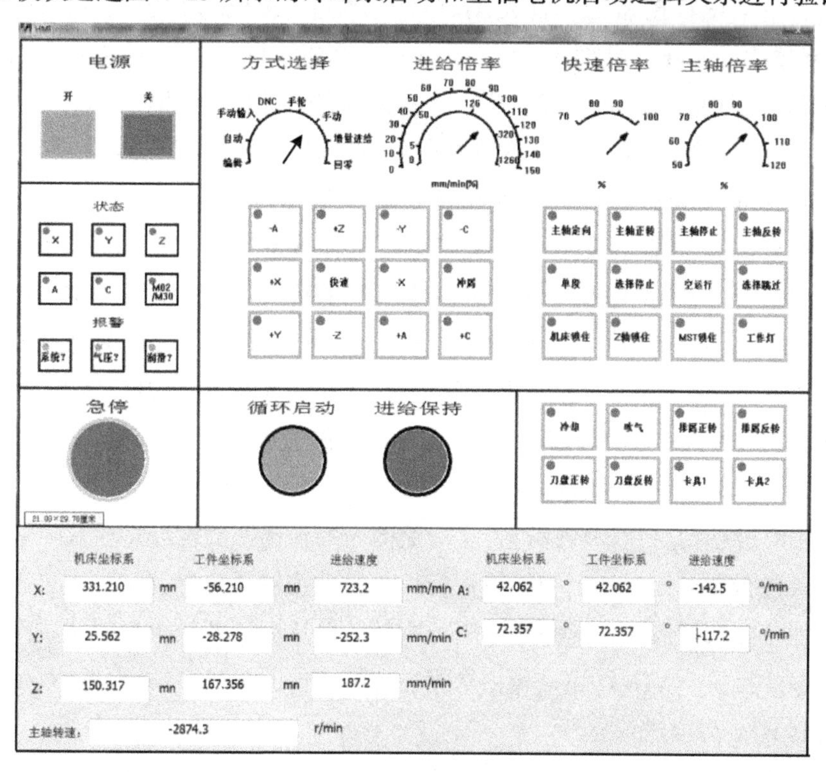

图 4-23　HMI 界面

与软 PLC 系统进行数据信息量交互 HMI 界面，如图 4–23 所示。其包含面板控制量输入、状态显示以及实时系统的控制与反馈。

其中开关量输入如手动、自动、停止、启动、主轴停、主轴正转、主轴反转、主轴定位、进给循环、进给暂停、启动冷却、启动气泵、排屑正转、排屑反转、刀盘正转、刀盘反转、工作灯等，其状态是 PLC 逻辑控制程序输入量。

显示灯如手动状态、自动状态、*X* 原点、*Y* 原点、*Z* 原点、冷却液、排屑正转、排屑反转、刀盘正转、刀盘反转、工作灯等，是 PLC 程序的输出量。

制表页有在软 PLC 运行过程中各种信息的反馈值，如在进行机床运动时，机床坐标系下以及工件坐标系下的 *X* 轴位置、*Y* 轴位置、*Z* 轴位置、*A* 轴位置、*C* 轴位置以及各运动轴的转速等相关反馈参数。

根据开发系统所提供的逻辑控制图，当用户点击 HMI 界面中的冷却液或者主轴正转按钮时，首先 Win32 程序将该按钮的布尔值 BOOL Pool Pump 置为 TURE，此时 IDB 文件中关于冷却液按钮的参数量被更新后被写入到共享内存中，此时软 PLC 运行系统当接收到外部输入量后，通过扫描解释更新后的逻辑控制图判断是否使相应的 I/O 端口得电，然后将该信息传递至智能算法模块针对于此次动作请求进行智能分析，根据所事先设置好的智能加工条件，判断在当前条件下是否允许用户进行该操作，若条件满足，则输出相应命令使能冷却泵电机或者主轴电机并将 HMI 指示灯布尔值 BOOL PPL() 和 BOOL SL() 置为 TRUE 写入共享内存中，最终被 IDB 文件读取并更改其参数。Win32 程序在每个扫描周期内都对 IDB 文件进行读操作，当读取指示灯布尔值改变后，在界面中进行相应的显示。

实时进程则对主轴转速进行实时监测，并传递至数据处理模块供智能算法模块进行数据校验，当智能算法模块校验到主轴转速过高时，则可以按照满足加工要求的最低转速来适当降低主轴转速从而达到减少能耗和机床本身的负担的目的，WIN32 也获得由数据处理模块传递至 IDB 文件的速度命令值并将其 HMI 界面进行显示。

图 4–24 为软 PLC 系统与拓璞 VMC-50 五轴加工中心交互实现冷却液开和主轴正转的效果图。

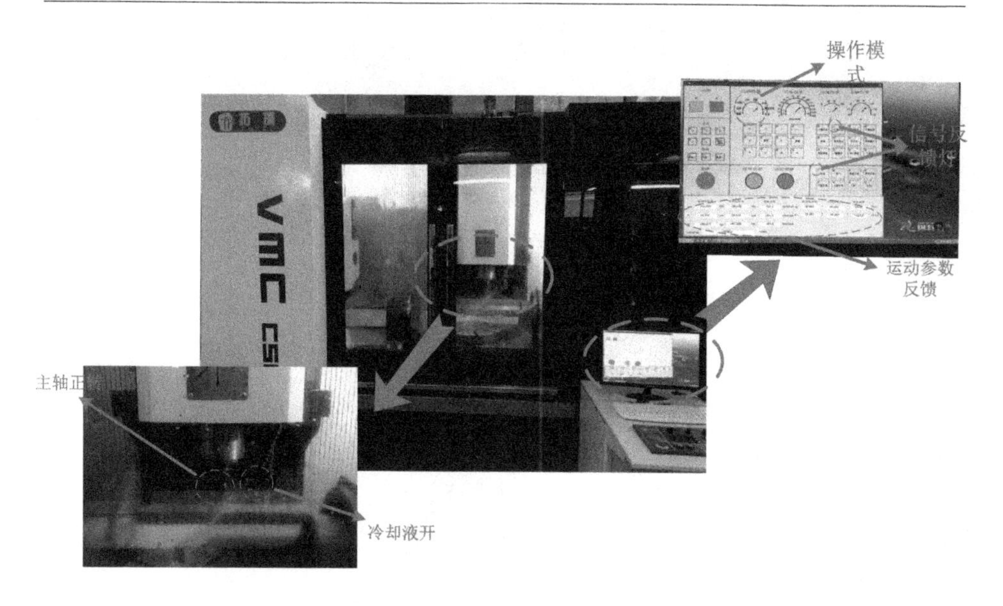

图 4–24　与拓璞 VMC–50 五轴加工中心交互实验

4.6　本章小结

本章首先参考国际标准 IEC61131-3 并且对于传统 PLC 结构与软 PLC 结构进行对比研究，主要针对软 PLC 运行系统进行了相关核心技术研究，采用了解释原理，通过逐级扫描和关键字匹配的方法来开发运行系统，实现了对源语言程序的直接翻译，省去了提前编译成目标代码的繁琐过程。

其次，本文研究了实现软 PLC 的具体方法，基于 IDB 文件建立 HMI 与数据处理模块间的通讯，该方法可以根据实验的预期效果动态的调整程序为程序的优化提供了极大的便利。然后，针对所开发的数据处理模块研究了基于 IPC 共享内存的数据交互技术，采用了环形共享内存对数据进行存储并采用面向对象的开发模式建立了数据缓存线程和数据保存线程。接下来，本文基于所建立的智能算法模块与数据处理模块进行了多线程的具体设计，避免多个线程同时访问同一共享资源。为了满足外部信号的接受与内部信号的处理，本文采用 4 核主控计算机，将数据处理模块，智能算法模块基于 RTX 环境放于不同的内核中。

最后，本文通过实例验证了，所建立的包含数据处理模块与智能算法模块间实时交互的软 PLC 模块的正确性与实用性。

第5章　开放式数控系统后处理技术及数控代码技术实现

5.1　概　述

后处理器（对应2.5节后处理模块）是能够将刀位文件（CL文件）转换成运动控制器可以识别的数控加工代码（NC代码）的重要接口。由于五轴机床结构的多样性以及商用数控系统间彼此的独立性，使得在五轴机床上进行数据补偿变得十分困难。在前处理阶段，后处理器可以根据商用CAD/CAM系统获取刀位文件（CL文件），然后在经过后处理器进行相关处理获得机床用NC加工代码。但是，在实际加工中，当对同一零件进行加工使用的刀具尺寸与在CAD/CAM所定义的不同时，这个时候就需要重新回到CAD/CAM软件中重新生成新的刀位文件，在通过后处理器生成相关的NC代码，这极大的降低了加工效率。与此同时，刀具在进行加工的过程中会出现磨损使得加工的路径和CAD/CAM软件所规划的刀路之间出现了误差影响加工质量。基于开放式数控系统的开放性，本文建立一个具有优化补偿方法并且能够广泛地适用于多种机床的后处理器。

NC代码解释器（对应2.5节任务生成模块）同样作为开放式软件化数控系统的关键技术，将后处理器所编制出的NC代码分析解释并将相关必要信息传递给驱动器进行加工，是整个运动控制代码技术不可或缺的一部分。

综上所述，本文主要针对于五轴端铣加工进行刀具补偿模型的研究以及基于刀具磨损模型的刀具优化补偿方法的研究，并通过建立五轴机床结构通用后处理模型完成整个后处理器的建立。NC代码解释器则通过对NC代码程序以行为单位进行处理，把其中的各种加工信息或者辅助信息传递给轴模块进行插补并将插补信息通过SERCOS命令通道实时送到伺服机构驱动电机工作。

5.2 后置处理的工作原理及流程

后置处理器作为开放式数控系统的核心模块之一，其主要通过前置处理即 CAM 软件对 CAD 图形进行切削部位选取以及设置相应的加工参数生成的刀位文件（Cutter Location Source File 文件，即 CLSF 文件）后进行处理，CLSF 文件包含显示命令如描述加工坐标系在绝对坐标系位置的“MSYS”命令和控制刀轨显示方式的“PAINT”命令等、刀轨头命令、机床设置命令如设置进给速度及单位的“FEDRAT”指令、设置快速进给速度的“RAPID”指令等、刀具运动命令如用来指定刀具运动点 MCS 坐标的“GOTO”命令以及指定任意平面的圆弧刀轨的“CIRCLE”命令等。CLSF 文件体现了数控编程加工人员的理性思维过程，但是 CLSF 文件无法被数控系统所识别，不能直接用于加工。数控系统与机床只能通过由 N、G、X、Y、Z、A、C、T、M 等特征字构成的 NC 文件进行交互，后处理器是将所读入的 CLSF 文件编译转换为 NC 文件的核心模块。

后置处理过程原则上是解释执行，即后置处理器每读取刀位轨迹文件中的一个完整记录，从而对该记录的类型进行分析，判断是进行坐标变换还是文件代码转换进而根据相应的机床结构进行与之匹配的坐标变换或代码转换，最终生成一个完整的数控程序段并存入数控程序文件中，然而由于五轴机床的多样化结构以及各商用数控系统所支持的 NC 代码格式具有一定差异，导致目前经过后处理器生成的 NC 代码无法广泛地适用于各类数控机床和数控系统。

同样的，考虑到实际生产过程中针对于同一零件所使用的刀具尺寸会与 CAM 中预设置的刀具尺寸不同，将导致加工人员不得不重新回到 CAM 软件中再一次生成刀路后才能继续加工，这将大大的减少加工效率并且由于在 CAM 中的刀路为理想化刀路，在实际加工中无法避免刀具会出现磨损导致刀具尺寸发生改变从而影响加工质量。

基于以上因素本系统采用了一个能够适用多种机床、可进行刀具半径补偿以及优化补偿的后处理器。后置处理的流程图，如图 5–1 所示。

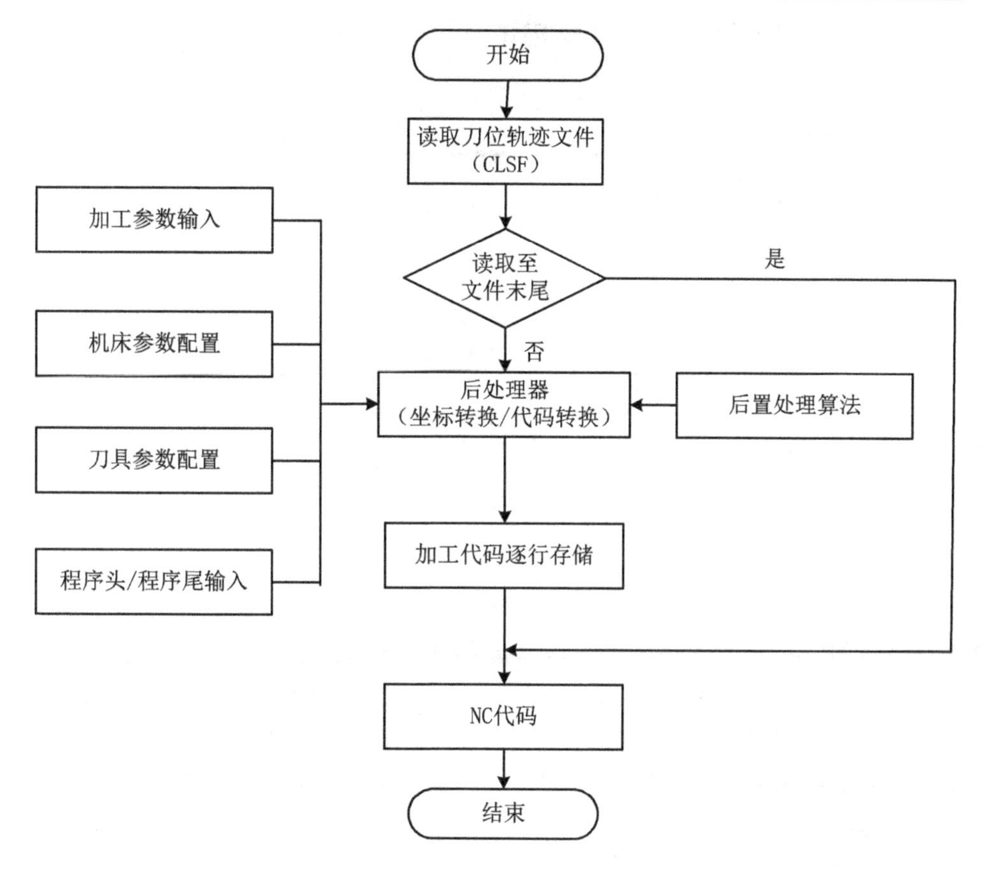

图 5-1 后置处理工作流程图

5.3 基于后处理技术的刀具半径补偿模型

由于铣刀轴向对称的特性，经常被表示为一个平面结构。根据 DIN 662151，铣刀的通用参数模型，由如图 5-2 所示。其中，d 为刀具直径、r 为圆角半径、e 为轴线到原点 O 的距离，f 为原点 O 到 Q 的垂直距离，α 为线段 QB 与水平面的夹角，β 为线段 CD 与垂直面的夹角，L 为刀具长度。

本文针对于五轴端铣加工，主要对三种类型的刀具进行研究，分别为平底铣刀、球头铣刀、环形刀。

5.3.1 平底铣刀半径补偿模型

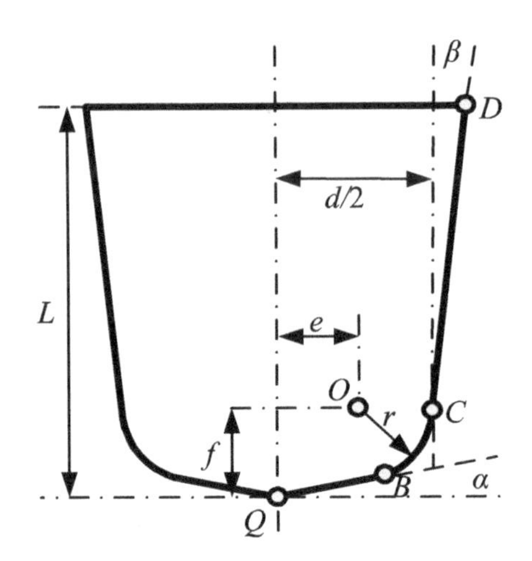

图 5–2 铣刀通用模型

由上图 5–2 所示，平底铣刀可以被参数化表示为 $r=f=\alpha=\beta=0$，$e=d/2$ 并且其主要的切削区域为线段 CD。如图 5–3 所示，$\boldsymbol{S}$ 为加工表面，$\boldsymbol{P}$ 为平底铣刀在加工表面上的切触点，$\boldsymbol{e}$ 为刀具半径，$\boldsymbol{O}_p$ 为刀尖点（刀尖点与刀心点重合），$\boldsymbol{i}$ 为刀轴矢量，$\boldsymbol{n}$ 为相对于切触点 $\boldsymbol{P}$ 的法向量，$\boldsymbol{m}$ 为垂直于 $\boldsymbol{i}$ 向量。其中 $\boldsymbol{i}$、$\boldsymbol{n}$、$\boldsymbol{m}$ 均为单位向量。

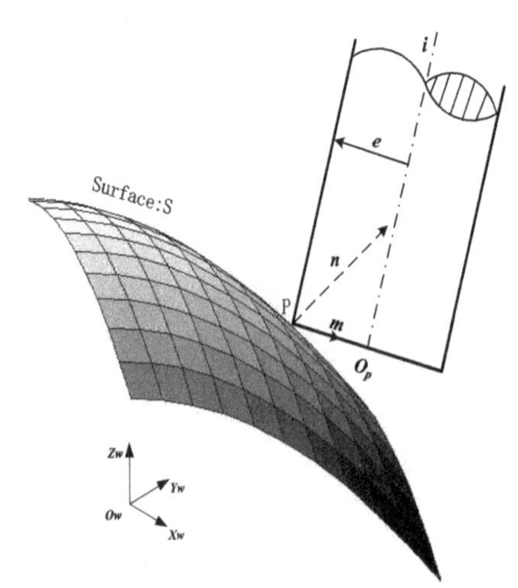

图 5–3 平底铣刀补偿模型

当平底铣刀的刀具半径由 $\boldsymbol{e}$ 变化到 $\boldsymbol{e}_1$ 时，刀尖点 $\boldsymbol{O}_p$ 应沿着矢量 $\boldsymbol{m}$ 的方向进行平移才可以保证切触点 $\boldsymbol{P}$ 与加工表面 $\boldsymbol{S}$ 相切。因此，单位向量 $\boldsymbol{m}$ 的方

向为刀具半径补偿方向且补偿量为 $\Delta e=e-e_1$。平底铣刀刀心（刀尖）位置的补偿向量在工件坐标系 $O_WX_WY_WZ_W$ 可以表示为：

$$r_{O'_p}=r_{O_p}+\Delta e\cdot \boldsymbol{m} \tag{5-1}$$

式中，$\boldsymbol{m}=\dfrac{PO_p}{\|PO_p\|}$ 并且 $PO_p=r_{O_p}-r_p$。

5.3.2 球头铣刀半径补偿模型

根据图 5–2，球头铣刀可以被参数化表示为 $r=f=d/2$，$e=\alpha=\beta=0$ 并且主要的切削区域在弧线 BC 上。当球头铣刀半径从 r 变为 r_1 时，刀心点 O 应沿着补偿方向进行平移。如图 5–4 所示，向量 n 的方向为补偿方向并且补偿量为 $\Delta r=r-r_1$。

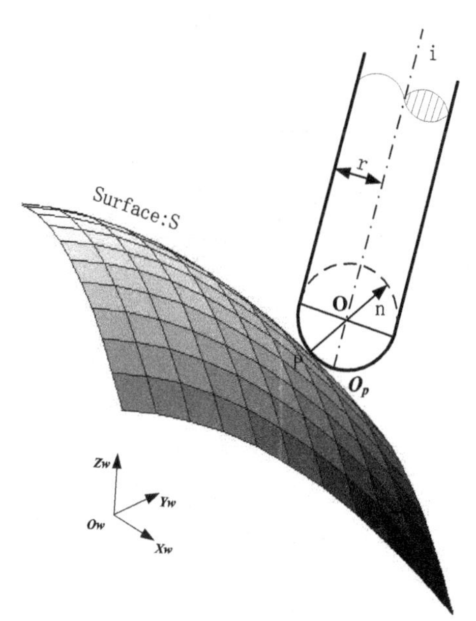

图 5–4 球头刀补偿模型

球头铣刀刀心位置的补偿向量在工件坐标系 $O_WX_WY_WZ_W$ 可以表示为：

$$r_{O'}=r_O+\Delta r\cdot \boldsymbol{n} \tag{5-2}$$

式中，$\boldsymbol{n}=\dfrac{PO}{\|PO\|}$ 且 $PO=r_o-r_p=r_{O_p}+r\cdot \boldsymbol{i}-r_p$。

球头铣刀刀尖点可以认为是刀心点沿着单位向量 $\boldsymbol{i}$ 的方向进行平移，则

有 $r_{OP}=r_O-r\cdot\boldsymbol{i}$。因此球头铣刀刀尖点的补偿向量在工件坐标系 $O_WX_WY_WZ_W$ 可以表示为：

$$r_{O'_p}=r_{O_p}+\Delta r\cdot\boldsymbol{n}-\Delta r\cdot\boldsymbol{i} \tag{5-3}$$

5.3.3　环形半径铣刀补偿模型

环形铣刀可以被参数化为 $\alpha=\beta=0$，$e=d/2-r$，$f=r$，加工时主要切触区域在弧 BC 上。由图 5–5 所示，$R=d/2$ 为环形铣刀外径，r 为圆角半径，e 为内径。

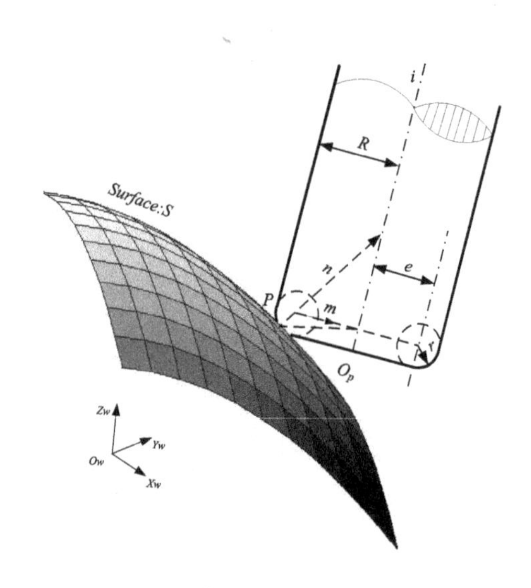

图 5–5　环形铣刀补偿模型

当环形铣刀外径由 R 变为 R_1 时，圆角半径从 r 变为 r_1 时，内径由 e 变为 e_1 时，刀具中心点应沿着单位向量 $\boldsymbol{m}$ 和 $\boldsymbol{n}$ 平移并且补偿量为 $\Delta e=e_1-e$，$\Delta r=r_1-r$ 和 $\Delta R=R_1-R$。因此，刀心位置在工件坐标系 $O_WX_WY_WZ_W$ 的补偿向量可以表示为：

$$r_{O'}=r_O+(\Delta R-\Delta r)\cdot\boldsymbol{m}+\Delta r\cdot\boldsymbol{n} \tag{5-4}$$

式中，$\boldsymbol{m}=\dfrac{\boldsymbol{i}\times(PO\times\boldsymbol{i})}{\|\boldsymbol{i}\times(PO\times\boldsymbol{i})\|}$，$PO=r_O-r_P=r_{O_p}+r\cdot\boldsymbol{i}-r_P$

且 $\boldsymbol{n}=\dfrac{PO_1}{\|PO_1\|}=\dfrac{PO-O_1O}{\|PO-O_1O\|}=\dfrac{PO-(R-r)\cdot\boldsymbol{m}}{\|PO-(R-r)\cdot\boldsymbol{m}\|}$

上文提到，刀尖点可以认为是刀心点沿着刀轴矢量的反方向平移得到的，故 $r_{OP}=r_O-r\boldsymbol{i}$。把 $\boldsymbol{r}_{\mathrm{OP}}$ 带入到公式 (5–4) 中可得环形铣刀尖点的补偿向量在工件坐标系 $O_WX_WY_WZ_W$ 可以表示为：

$$r_{O_p'}=r_{O_p}+(\Delta R-\Delta r)\cdot\boldsymbol{m}+\Delta r\cdot\boldsymbol{n}-\Delta r\cdot\boldsymbol{i} \tag{5–5}$$

5.4 基于刀具磨损的刀具半径优化补偿模型

5.4.1 铣刀磨损模型

5.4.1.1 平底铣刀磨损模型

基于刀具磨损规律，磨损量与加工时间 T 有关。由文献可知，刀具磨损的变化率为一个固定值，如公式 (5–6) 所示。

$$\frac{\Delta V}{\Delta t}=K \tag{5–6}$$

式中，Δt 为在连续切削条件下的磨损时间间隔，ΔV 是在时间间隔 Δt 下的磨损变化量。K 是刀具与工件间的相关系数。

然而，由于加工条件的复杂性，用线性的表示方法不能够准确的将刀具磨损量和切削时间间隔的关系表示出来。因此，对公式 (5–6) 进行非线性修正，如公式 (5–7) 所示。

$$\frac{\Delta V}{\Delta t^u}=K \tag{5–7}$$

式中，u 为与实际加工情况相关的系数。

在切削过程中，如主轴转速、进给量、切削速度、切削深度等加工参数会对刀具磨损造成一定的影响，为了提高模型的准确性故将切削参数作为影响因素并将公式 (5–7) 修正为公式 (5–8) 得：

$$\frac{\Delta V}{Ks^x f^y a^z D^m Z^e \Delta t^u}=K \tag{5–8}$$

式中，s 为主轴转速，f 为进给率，a 为切削深度，D 为刀具直径和 Z 为铣刀切削刃数量。X，y，z，m，e 为主轴转速、进给率、切削深度、刀具直径以及切削刃相关系数。

5.4.1.2 球头铣刀磨损模型

对于球头铣刀，其瞬时切削位置也是影响刀具磨损量的因素之一。因此，将公式 (5–8) 修正为公式 (5–9) 得：

$$\Delta V = Ks^{x} f^{y} a^{z} D^{m} Z^{e} \Delta t^{u} p^{v} \tag{5–9}$$

式中，p 为切削刃微元位置，v 为切削刃微元位置相关系数。

为了确定上述相关系数，公式 (5–9) 应当进行线性化处理，如公式 (5–10) 所示。

$$\ln[\Delta V] = \ln K + x\ln s + y\ln f + z\ln a + m\ln D + e\ln Z + u\ln \Delta t + v\ln p \tag{5–10}$$

5.4.1.3 环形铣刀磨损模型

由于环形铣刀的特殊形状，其刀具外径 R、圆角半径 r 也作为影响刀具磨损的因素之一，在此基础上公式 (5–8) 修正为公式 (5–11)：

$$\Delta V = Ks^{x} f^{y} a^{z} R^{m1} r^{m2} Z^{e} \Delta t^{u} \tag{5–11}$$

式中，m_1 为环形铣刀外径相关系数，m_2 为环形铣刀内径相关系数。

与球头铣刀类似，环形铣刀同样与其切削刃瞬时切削位置有关并且环形铣刀磨损量应当被划分为刀具轴向方向的磨损量（ΔV_i）以及刀具径向方向的磨损量（ΔV_n），如公式 (5–12) 所示：

$$\begin{cases} \Delta V_{\mathrm{i}} = K_{\mathrm{i}} s^{x_i} f^{y_i} a^{z_i} R^{m_{1i}} r^{m_{2i}} Z^{e_i} \Delta t^{u_i} p^{v_i} \\ \Delta V_{\mathrm{n}} = K_{\mathrm{n}} s^{x_n} f^{y_n} a^{z_n} R^{m_{1n}} r^{m_{2n}} Z^{e_n} \Delta t^{u_n} p^{v_n} \end{cases} \tag{5–12}$$

式中，K_i，x_i，y_i，z，m_{1i}，m_{2i}，e_i，u_i，v_i 为在刀具轴向方向，刀具与工件间的相关系数以及主轴转速、进给率、切削深度、刀具直径和切削刃数量以及切削刃微元位置的相关系数。K_n，x_n，y_n，z_n，m_{1n}，m_{2n}，e_n，u_n，v_n 为刀具在径向方向上，刀具与工件间的相关系数以及主轴转速、进给率、切削深度、刀具直径和切削刃数量以及切削刃微元位置的相关系数。

为了确定以上公式内的各个相关系数，本文采用“复映孔”方法对于各相关系数进行确定。关于“复映孔”测量磨损系数的详细情况如文献所示。

5.4.2 切触区域求解

5.4.2.1 刀具切触区域几何模型

在五轴铣削加工中，刀具的磨损并不是均匀分布的，针对于每一条刀具移动指令，其刀具与工件之间的接触区域都是不同的，在加工当中刀具与工件之间的切触区域可以用切削微元来表示。所以，本文在进行刀具优化补偿前，通过建立刀具切削区域模型去判定每条 NC 代码中实际参加切削的切削刃微元，这样可以防止在补偿中发生补偿过量造成从而造成过切的情况，进而可以有效的减少在加工中对于加工刀具进行补偿可能带来的加工二次误差，从而提高整个补偿模型的精确度。为了研究刀具切触区域模型，本文首先将整个五轴端铣系统进行参数化处理，如图 5–6 所示。

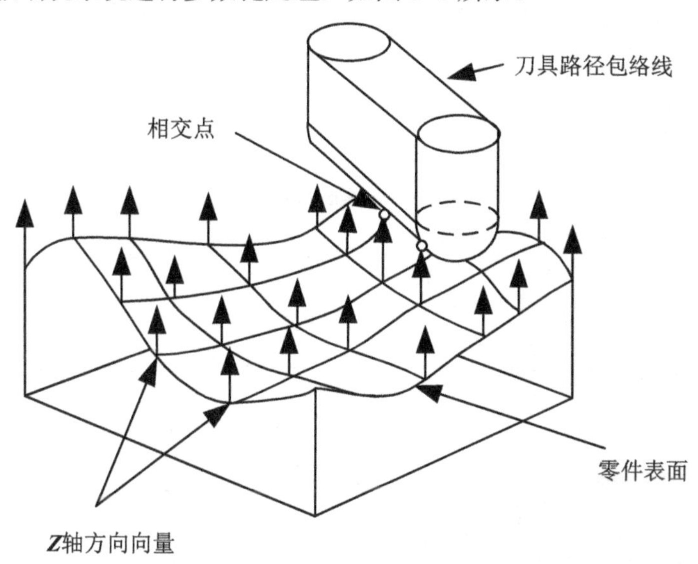

图 5–6　五轴端铣系统参数化示意图

待加工工件被离散成彼此平行的 Z 轴方向向量来表示整个工件的特征信息，如表面形貌以及工件高度等。Z 轴方向向量之间的间距决定整个参数化模型的精度，向量间距越小则每一次走刀过程中包络线间交点计算的误差越小，反之则增大。刀具移动路径的包络线可以近似为包含直线、圆柱、球体以及平面体的三轴刀具路径。以球头铣刀为例，其包络线是由一个圆柱，一个半球形以及一个将整个结构封闭起来的环形“顶”组成的。加工刀具则可以根据每个切削微元的切入切出角来表示。

为了准确的反映出工件的变化情况，刀具切触几何模型需要基于每一次走刀消除与 Z 轴向量相交的包络线来准确的反映出工件状态。所以，判别在当前刀位下，刀具与工件间的切触区域是十分必要的。上文曾提到在五轴端铣加工中，常用的刀具为平底铣刀、球头铣刀、环形铣刀，其刀具路径的包络线都是向外凸的，所以，Z 轴方向向量与刀具路径包络线的切入切出点不会超过 2 个。

如图 5–7(a) 所示，P_{in} 和 P_{out} 分别对应 Z 轴方向向量与刀具包络线相交的切入点与切出点。切触区域可以由每条 Z 轴方向向量与刀具路径包络线组成

的线段来表示，如图 5–7(b) 所示，线段 $|P_{in}P_1|$ 和 $|P_2P_{out}|$ 用来表示切触区域。

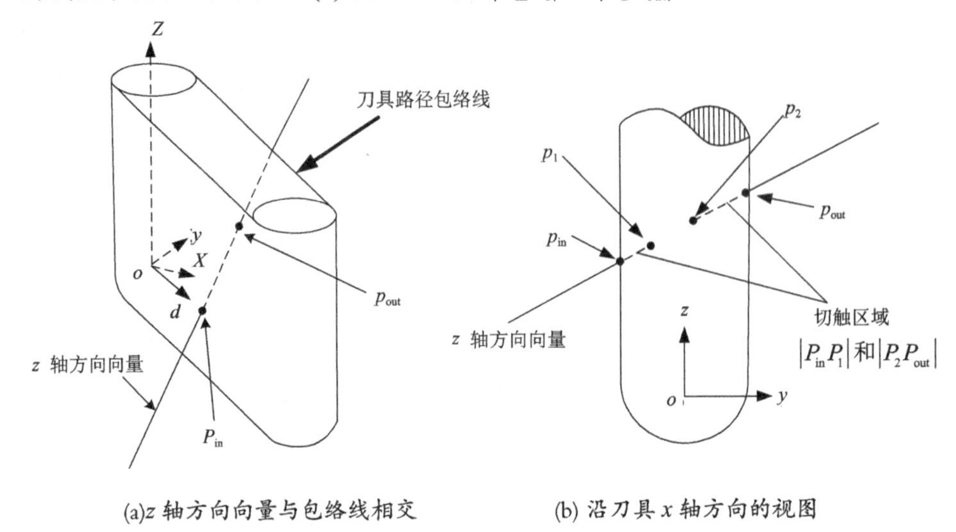

(a)z 轴方向向量与包络线相交　　(b) 沿刀具 x 轴方向的视图

图 5–7　z 轴方向向量与包络线交点示意图

5.4.2.2 切触区域确定

本文主要针对球头铣刀，研究刀具切触区域确定的问题，其它类型的刀具与球头刀研究方法类似，本文不做多余赘述。当刀具从 P_i 点移动到 P_{i+1} 时，刀具和工件间的切触区域可以通过将 Z 轴方向向量按照 $-d$ 方向向刀具进行投影获得，如图 5–8 所示。

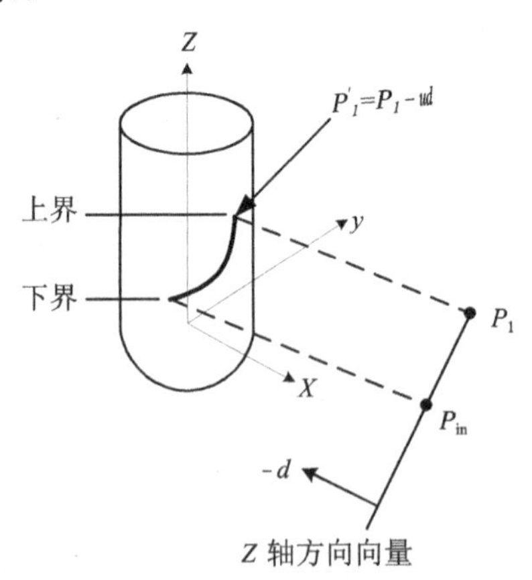

图 5–8　z 轴方向向量段在 $-d$ 方向上的投影

每一个 Z 轴方向向量在刀具上的投影都有一对起始点和结束点。图 5–8 中，d 为刀具在工件当中的移动方向，P_{in} 为投影段起始点，P_1 为投影段结束点。P_1 在刀具上的投影 P_1' 可以表示为：

$$P_1' = P_1 - ud \tag{5–13}$$

式中，u 为 P_1 点在 $-d$ 方向到刀具表面的距离。

根据公式 (5–13)，可以计算出 P'_{1x}，P'_{1y} 和 P'_{1z} 的值。通过 P'_{1x} 和 P'_{1y} 的值可以表示出切触区域在 XOY 平面所处的位置。当 $P'_{1x}>0$，$P'_{1y}<0$ 切触区域处于第一象限，当 $P'_{1x}>0$，$P'_{1y}>0$ 切触区域处于第二象限，当 $P'_{1x}<0$，$P'_{1y}<0$ 切触区域处于第三象限，当 $P'_{1x}<0$，$P'_{1y}<0$ 切触区域处于第四象限。基于 P'_{1z} 的值用来确定刀具轴向方向参与切削的上下界 z_{min} 和 z_{max}。然而，用 P'_{1z} 的值去确定上下界的方法只针对于当 Z 轴方向向量相对于刀具上的投影的起始点和结束点同时都在刀具的同一面的时候如图 5–9(a) 所示。当 Z 轴方向向量上对于刀具上的投影的起始点与结束点分别在刀具的不同面的时候用上述方法所确定的 z_{min} 将不一定为刀具轴向参与切削的下界，如图 5–9(b) 所示。

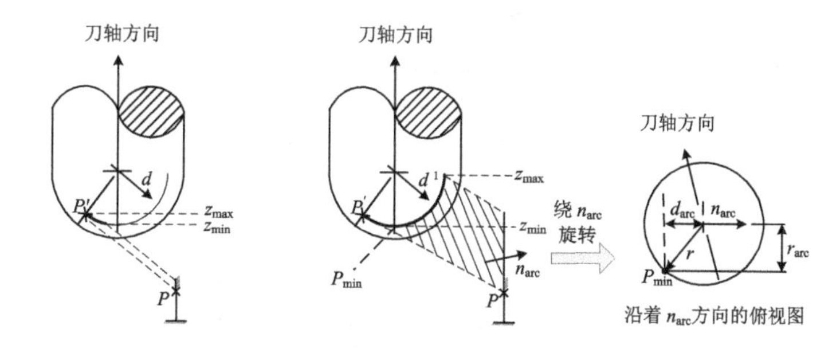

(a)Z 轴方向向量相对于刀具上的投影的起始点和结束点同时都在刀具的同一面

(b) 刀具上的投影的起始点与结束点分别在刀具的不同面

图 5–9　两种不同情况确定刀具轴向方向切触区域上下界

当 Z 轴方向向量上对于刀具上的投影的起始点与结束点分别在刀具的不同面的时候，z_{min} 出现在 Z 轴方向向量与球头铣刀球头的位置所生成的弧线上的某一个位置点 P_{min} 上。弧线所在平面的法向向量为：

$$n_{arc} = k \times d / |k \times d| \tag{5–14}$$

式中，k 为 Z 方向向量的方向余弦向量。

在垂直于向量 n_{arc} 的平面上，点 P_i 到 P'_1 的距离为：

$$d_{arc} = (P_1' - P_i) \cdot n_{arc} \tag{5–15}$$

通过勾股定理，如图 5–8(b) 所示的圆弧半径为

$$r_{arc}=(r^2-d_{arc}^2)^{1/2} \tag{5-16}$$

综上可得，当 Z 轴方向向量上对于刀具上的投影的起始点与结束点分别在刀具不同面的情况，$z_{\min}$ 为：

$$z_{\min}=-r\cos(\xi+\zeta) \tag{5-17}$$

式中，$\xi=\tan^{-1}(d_{arc}/r_{arc})$ 并且 $\zeta=\pi/2-\cos^{-1}(a\cdot n_{arc})$

当刀具与工件切触区域的轴向边界确定后，通过计算 r_y 就可以确定刀具与工件间在当前刀位下的切触区域，如图 5–10 所示。每次计算的 r_y 的值都与前一个 Z 轴方向向量的所计算出的 r_y 的最大值和最小值进行比较，当 r_y 数值超过了前一个 Z 轴方向向量 r_y 的数值范围，则更新 r_y 值。在当前刀位下所有的 Z 轴方向向量段都处理完毕后，通过最大径向距离和最小径向距离的值，每一个刀具微元段的切入切出角就可以通过公式 (5–18) 计算出来。

$$\varphi_{\text{in/out}}=-\sin^{-1}\left[(y_{\text{max/min}})/r\right]+\pi/2 \tag{5-18}$$

式中，r 为当前轴向微元段的半径。

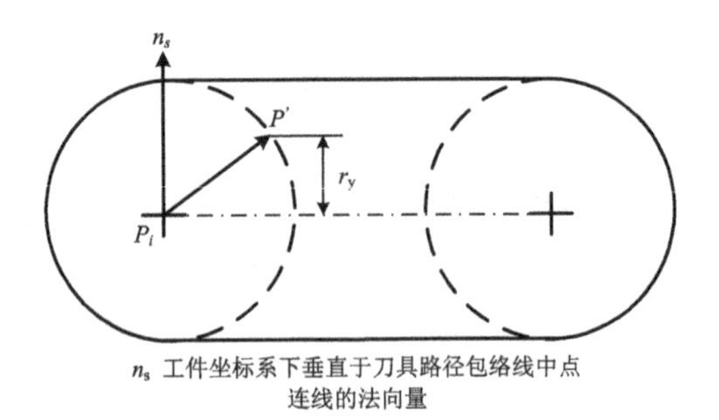

图 5–10　由接触位置 P 计算径向距离 r_y

至此，每一个刀位的刀具切触区域就可以确定下来。

5.4.3　优化半径补偿方法实现

在精加工以及大型件的实际加工中，刀具磨损是影响加工误差的主要因素之一。目前，主要有两种关于加工误差的补偿方式，第一种为在线补偿，其可以在加工中监测刀具实时位置来进行误差补偿。然而，这种方法需要花费大量财力在检测设备上，并且由于在加工过程中，冷却液等因素会影响检测精度，故经常需要暂停当前加工对刀具进行检测，严重影响了加工效率。另一种方法则为离线补偿，这种方法通过误差补偿模型使刀具在加工中沿着所预定的位置进行加工。考虑到刀具在实际加工中会出现由于磨损而影响加工精度的情况以及离线补偿相对于在线补偿可以提高加工效率等优势，本文依据上文所提出的补偿模型建立了一种离线的刀具补偿方法。

补偿方法如下：首先根据 CAD/CAM 软件所生成的 CLS 刀位文件，经由后处理器生成相应的 NC 代码并选用相关的刀具补偿模型以及设置加公精度为 δ。然后，根据上节内容所提到的确定刀具切触区的方法，首先，将整个加工系统参数化然后基于每一条 NC 代码计算 Z 轴方向向量与刀具路径包络线的交点找出切入切出点（P_{in},P_{out}）。然后，确定每条代码中刀具与工件切触区域的轴向边界（z_{min}, z_{max}）。最后，算出径向距离 r_y 以及根据 Z 轴方向向量切触区域所在象限确定刀具与工件间的切触区域。与此同时，计算出每一条 NC 代码的加工所需要的时间 t_i，如公式 (5–19) 所示。

$$t_i = \max\left\{\frac{x_i - x_{i-1}}{f_x}, \frac{y_i - y_{i-1}}{f_y}, \frac{z_i - z_{i-1}}{f_z}, \frac{A_i - A_{i-1}}{\omega_A}, \frac{B_i - B_{i-1}}{\omega_B}, \frac{C_i - C_{i-1}}{\omega_C}\right\} \quad (5\text{–}19)$$

在实际加工的过程中会出现空走刀的现象，即刀具切削刃没有实际参加切削。此时，需要根据刀具路径包络线与 Z 轴方向向量是否有交点判定刀具是否进入“切削”状态。最后，计算出切触区域每一个切削微元的磨损量。为了防止出现“过切”现象，在进行刀具优化补偿时，只有当切触区域的所有切削微元均超过了规定的加公精度 δ 时，在进行优化补偿，补偿量为当前切触区域微元段磨损量的最小值。最后，根据所选用的刀具补偿模型，将补偿量通过宏变量 R_v 写入 NC 代码内从而完成优化补偿。当读取到 NC 代码最后一行时，结束优化补偿并生成新的 NC 代码，此时刀具切削刃的各微元磨损量以及 NC 代码会存入数据处理模块中，对于大批量生产每加工完一个零件则切削刃的微元磨损量以及 NC 代码都会相应更新方便下一次加工调用数据。这样做不仅可以提高加工精度和效率，还可以基于此判定刀具的使用寿命方便及时换刀。补偿方法的流程图如图 5–11 所示。

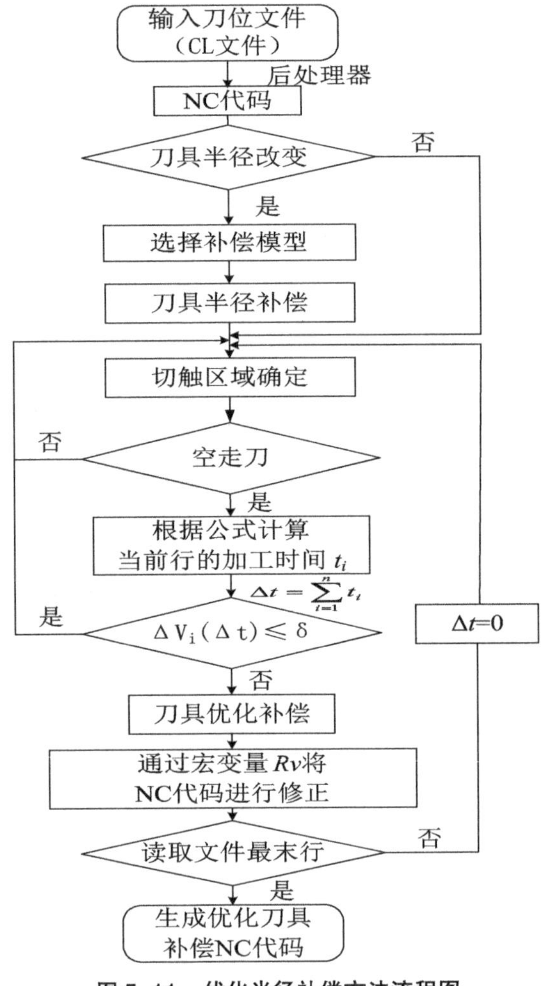

图 5-11　优化半径补偿方法流程图

5.5　基于优化补偿算法的通用五轴机床后处理器实现

针对于不带有数据补偿功能的 CNC 系统，本文提出一种通用五轴机床运动学转换算法，基于该运动学转换算法以 AC 双转台五轴机床为例研究刀具半径补偿在后处理器中的实现。

5.5.1　通用五轴机床运动学转换方程

NC 与机床间的动力学模型用来描述刀具与工件间的运动关系。对于任意的机械结构可以广泛的认为是由运动部件与运动节点组成的运动链。对于五轴机床来说，可以用旋转构件与平移构件进行描述。假定元素 i 和元素 j 分别处于两个独立的坐标系 $X_iY_iZ_i$ 和 $X_jY_jZ_j$ 下，则从坐标系 $X_iY_iZ_i$ 到 $X_jY_jZ_j$ 的平移矩阵如公式 (5–20) 所示。

$$^{i}T_{j}=\mathrm{Trans}(L_{i,j,x},L_{i,j,y},L_{i,j,z})\mathrm{Rot}(R,\varphi_{R}) \tag{5–20}$$

式中，$L_{i,j}$ 为两坐标系 $X_iY_iZ_i$ 到 $X_jY_jZ_j$ 原点之间的距离，R 为平移轴 (X,Y,Z)。

为了提高整个后处理器的通用性，本文提出一个包含四个正交旋转轴和三个平移轴的五轴机床通用配置结构。如图 5–12 所示，R_{w1} 和 R_{w2} 为固定在工作台上的第一旋转轴和第二旋转轴，R_{s1} 和 R_{s2} 为与摆头相关的第一旋转轴和第二旋转轴。

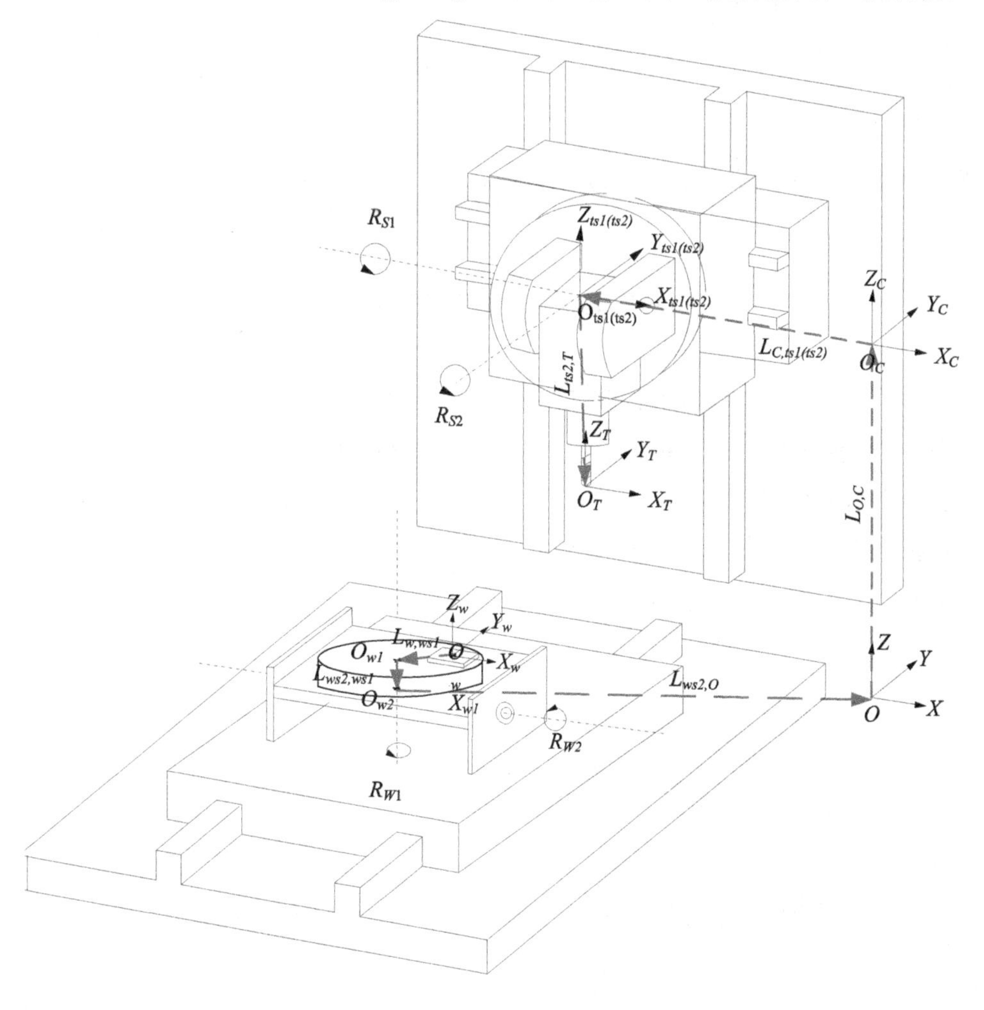

图 5–12 五轴机床通用配置模型

根据公式 (5–20)，整个五轴机床通用配置模型都可以通过彼此相互联系的坐标系连续的描述出来，如图 5–13 所示。

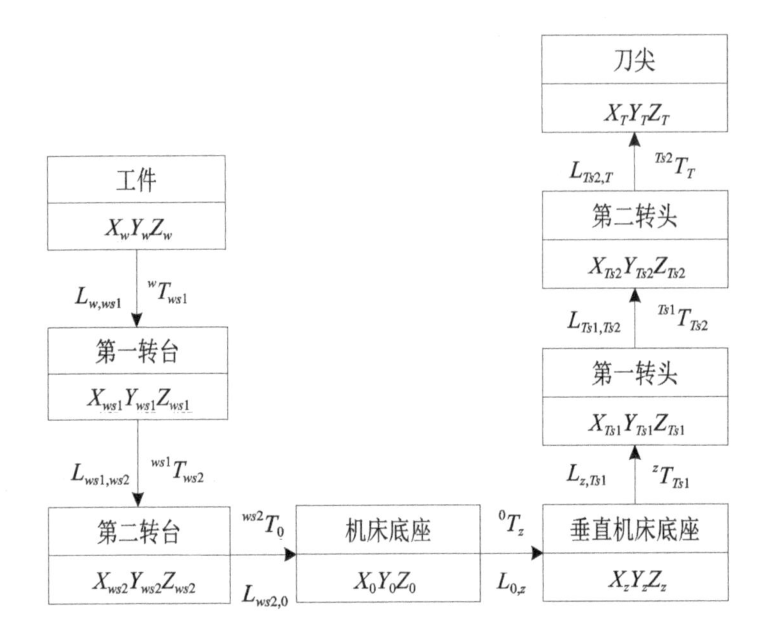

图 5–13　通用配置结构下各坐标系关联示意图

$X_wY_wZ_w$ 为工件坐标系，其作为整个坐标系链表的起始坐标系，各坐标系通过转换矩阵 **T** 将个坐标系的数据彼此相连并最终由工件坐标系 $X_wY_wZ_w$ 传递至刀尖坐标系 $X_TY_TZ_T$。各个坐标系的原点如图 5–12 所示，坐标系 $X_0Y_0Z_0$ 的原点在机床底部最右侧，$X_0Y_0Z_0$ 坐标系将工件坐标系与刀具坐标系两部分联系在一起。坐标系 $X_cY_cZ_c$ 的原点是可以在 Z 轴进行变化的。坐标系链表的转换方程由公式 (5–21) 所示。

$$^wT_T = {}^wT_{ws1}\,{}^{ws1}T_{ws2}\,{}^{ws2}T_o\,{}^oT_c\,{}^cT_{ts1}\,{}^{ts1}T_{ts2}\,{}^{ts2}T_T = \begin{bmatrix} a_{11} & a_{12} & a_{13} & a_{14} \\ a_{21} & a_{22} & a_{23} & a_{24} \\ a_{31} & a_{32} & a_{33} & a_{34} \\ 0 & 0 & 0 & 1 \end{bmatrix} \tag{5–21}$$

式中，参数 a_{ij} 的值，如表 5–1 所示，C 代表 cos，S 代表 sin。

表 5-1　公式 (5-21) 中的参数

元素 s	公式
a_{11}	$C\phi_{Rs2}*C\phi_{Rw1}-S\phi_{Rs1}*S\phi_{Rs2}*S\phi_{Rw1}$
a_{12}	$-C\phi_{Rs1}*S\phi_{Rw1}$
a_{13}	$C\phi_{Rw1}*S\phi_{Rs2}+C\phi_{Rs2}*S\phi_{Rs1}*S\phi_{Rw1}$
a_{14}	$L_{ws2,ws1,x}+L_{w,ws2,x}+C\phi_{Rw1}*T_1-S\phi_{Rw1}*T_2+L_{ts2,T,x}*T_3+L_{ts2,T,z}*T_4$
a_{21}	$S\phi_{Rs2}*(C\phi_{Rs1}*S\phi_{Rw2}+C\phi_{Rw1}*C\phi_{Rw2}*S\phi_{Rs1})+C\phi_{Rs2}*C\phi_{Rw2}*S\phi_{Rw1}$
a_{22}	$C\phi_{Rs1}*C\phi_{Rw1}*C\phi_{Rw2}-S\phi_{Rs1}*S\phi_{Rw2}$
a_{23}	$C\phi_{Rw2}*S\phi_{Rs2}*S\phi_{Rw1}-C\phi_{Rs2}*(C\phi_{Rs1}*S\phi_{Rw2}+C\phi_{Rw1}*C\phi_{Rw2}*S\phi_{Rs1})$
a_{24}	$L_{w,ws2,y}-S\phi_{Rw2}*T_5-L_{ts2,T,y}*T_6+L_{ts2,T,x}*T_7-L_{ts2,T,z}*T_8+C\phi_{Rw2}*T_9+S\phi_{Rw1}*T_{10}$
a_{31}	$C\phi_{Rs2}*S\phi_{Rw1}*S\phi_{Rw2}-S\phi_{Rs2}*(C\phi_{Rs1}*C\phi_{Rw2}-C\phi_{Rw1}*S\phi_{Rs1}*S\phi_{Rw2}$
a_{32}	$C\phi_{Rw2}*S\phi_{Rs1}+C\phi_{Rs1}*C\phi_{Rw1}*S\phi_{Rw2}$
a_{33}	$C\phi_{Rs2}*(C\phi_{Rs1}*C\phi_{Rw2}-C\phi_{Rw1}*S\phi_{Rs1}*S\phi_{Rw2})+S\phi_{Rs2}*S\phi_{Rw1}*S\phi_{Rw2}$
a_{34}	$L_{w,ws2,z}+C\phi_{Rw2}*T_{11}+S\phi_{Rw2}*L_{ws2,ws1,y}+L_{ts2,T,y}*T_{12}-L_{ts2,T,x}*T_{13}+L_{ts2,T,z}*T_{14}+C\phi_{Rw1}*S\phi_{Rw2}*T_{15}+S\phi_{Rw1}*S\phi_{Rw2}*T_{16}$

$$
\left\{\begin{matrix} T_1 \\ T_2 \\ T_3 \\ T_4 \\ T_5 \\ T_6 \\ T_7 \\ T_8 \\ T_9 \\ T_{10} \\ T_{11} \\ T_{12} \\ T_{13} \\ T_{14} \\ T_{15} \\ T_{16} \end{matrix}\right\} = \left\{\begin{array}{l}
L_{c,ts1,x}+L_{o,c,x}+L_{ws1,o,x} \\
L_{c,ts1,y}+L_{o,c,y}+L_{ws1,o,y}+C\varphi_{Rs1}*L_{ts2,T,y} \\
C\varphi_{Rs2}*C\varphi_{Rw1}-S\varphi_{Rs1}*S\varphi_{Rs2}*S\varphi_{Rw1} \\
C\varphi_{Rw1}*S\varphi_{Rs2}+C\varphi_{Rs2}*S\varphi_{Rs1}*S\varphi_{Rw1} \\
L_{c,ts1,z}+L_{ws1,o,z}+L_{ws2,ws1,z}+Z_n+L_{o,c,z} \\
S\varphi_{Rs1}*S\varphi_{Rw2}-C\varphi_{Rs1}*C\varphi_{Rw1}*C\varphi_{Rw2} \\
S\varphi_{Rs2}*(C\varphi_{Rs1}*S\varphi_{Rw2}+C\varphi_{Rw1}*C\varphi_{Rw2}*S\varphi_{Rs1})+C\varphi_{Rs2}*C\varphi_{Rw2}*S\varphi_{Rw1} \\
C\varphi_{Rs2}*(C\varphi_{Rs1}*S\varphi_{Rw2}+C\varphi_{Rw1}*C\varphi_{Rw2}*S\varphi_{Rs1})-C\varphi_{Rw2}*S\varphi_{Rs2}*S\varphi_{Rw1} \\
C\varphi_{Rw1}*(L_{c,ts1,y}+L_{o,c,y}+L_{ws1,o,y}) \\
L_{c,ts1,x}+L_{o,c,x}+L_{ws1,o,x}+L_{ws2,ws1,y} \\
L_{c,ts1,z}+L_{ws1,o,z}+L_{ws2,ws1,z}+Z_n+L_{o,c,z} \\
C\varphi_{Rw2}*S\varphi_{Rs1}+C\varphi_{Rs1}*C\varphi_{Rw1}*S\varphi_{Rw2} \\
S\varphi_{Rs2}*(C\varphi_{Rs1}*C\varphi_{Rw2}-C\varphi_{Rw1}*S\varphi_{Rs1}*S\varphi_{Rw2})-C\varphi_{Rs2}*S\varphi_{Rw1}*S\varphi_{Rw2} \\
C\varphi_{Rs2}*(C\varphi_{Rs1}*C\varphi_{Rw2}-C\varphi_{Rw1}*S\varphi_{Rs1}*S\varphi_{Rw2})+S\varphi_{Rs2}*S\varphi_{Rw1}*S\varphi_{Rw2} \\
L_{c,ts1,y}+L_{o,c,y}+L_{ws1,o,y} \\
L_{c,ts1,x}+L_{o,c,x}+L_{ws1,o,x}
\end{array}\right.
$$

5.5.2 逆运动学求解

计算机辅助设计 (CAD/CAM) 可以基于五轴加工生成包含刀轴矢量 $K(K_X,K_y,K_z)$ 和刀尖点位置 $Q(Q_x, Q_y, Q_Z)$ 的刀位文件 (CL 文件)。刀位文件可以被描述为：

$$\begin{bmatrix} K & Q \\ 0 & 1 \end{bmatrix} = \begin{bmatrix} K_x & Q_x \\ K_y & Q_y \\ K_z & Q_z \\ 0 & 1 \end{bmatrix} \tag{5–22}$$

针对于没有补偿功能的 CNC 系统，本文以双转台（AC 类型) 五轴机床为例研究实现五轴机床刀具补偿的方法。双转台五轴机床其旋转轴为 R_{w1} 和 R_{w2}，即 $R_{w1}=Z$，$R_{w2}=X$，$\phi R_{s1}=0$，$\phi R_{s2}=0$。根据补偿理论，刀具半径补偿只与刀具平移向量有关与刀具转角无关。因此，刀位文件与每一个平移轴的关系可以由公式（5–23）得出。

$$\begin{cases} X = (Q_x - L_{w,ws2,x})C\varphi_{Rw1} - (Q_y - L_{w,ws2,y})S\varphi_{Rw1} - L_{w,ws2,x} \\ Y = (Q_x - L_{w,ws2,x})C\varphi_{Rw2}S\varphi_{Rw1} + (Q_y - L_{w,ws2,y})C\varphi_{Rw2}C\varphi_{Rw1} + L_{w,ws2,y} \\ Z = (Q_x - L_{w,ws2,x})S\varphi_{Rw2}S\varphi_{Rw1} + (Q_y - L_{w,ws2,y})S\varphi_{Rw2}C\varphi_{Rw1} + (Q_z - L_{w,ws2,z})C\varphi_{Rw2} + L_{w,ws2,z} \end{cases} \tag{5–23}$$

其中，刀尖点 $O_p\,(Q_x,Q_y,Q_z)$，刀具切触点 $P(x_p ,y_p ,z_p)$，和刀轴矢量 (i, j, k) 可以从刀位文件文件得出。由于环形刀结构特殊，本文以环形刀为例进行研究其他刀具如球头刀、平底铣刀与环形刀研究方法类似，本文不一一赘述。

设刀具长度为 L，刀具外径为 R，刀具圆弧半径为 r，当刀具半径尺寸改变或者刀具磨损时，补偿刀尖点为 $O'_p(Q'_x,Q'_y,Q'_z)$，刀具外径变为 R'，刀具圆弧半径变为 r'，刀具磨损量为 ΔV，则补偿刀尖点 O'_p 可以通过将公式 (5–5)、公式 (5–12) 带入公式 (5–22) 可得：

$$\begin{bmatrix} Q'_x \\ Q'_y \\ Q'_z \end{bmatrix} = \begin{bmatrix} Q_x \\ Q_y \\ Q_z \end{bmatrix} + \frac{R' - R - r' + r + \Delta V_n}{\sqrt{u^2 + v^2 + w^2}} \begin{bmatrix} u \\ v \\ w \end{bmatrix} + \frac{r' - r + \sqrt{(\Delta V_n)^2 + (\Delta V_i)^2}}{\sqrt{l^2 + m^2 + n^2}} \begin{bmatrix} l \\ m \\ n \end{bmatrix} - (r' - r + \Delta V_i) \begin{bmatrix} i \\ j \\ k \end{bmatrix} \tag{5–24}$$

其中，式（5–24）u、v、w 以及 a、b、c 和 l、m、n 的值为：

$$\begin{bmatrix} u \\ v \\ w \end{bmatrix} = \begin{bmatrix} cik - ak^2 - aj^2 + bij \\ aij - bi^2 - bk^2 + cjk \\ bkj - cj^2 - ci^2 + aki \end{bmatrix} \tag{5–25}$$

$$\begin{bmatrix} a \\ b \\ c \end{bmatrix} = \begin{bmatrix} Q_x + ri - x_p \\ Q_y + rj - y_p \\ Q_z + rk - z_p \end{bmatrix} \tag{5-26}$$

$$\begin{bmatrix} l \\ m \\ n \end{bmatrix} = \begin{bmatrix} a - \dfrac{(R-r)u}{\sqrt{u^2+v^2+w^2}} \\ b - \dfrac{(R-r)v}{\sqrt{u^2+v^2+w^2}} \\ c - \dfrac{(R-r)w}{\sqrt{u^2+v^2+w^2}} \end{bmatrix} \tag{5-27}$$

至此，补偿后的刀尖点可以根据公式 (5–24) 得出。

5.5.3 加工数控代码生成

本系统所采用的后置处理器生成加工数控代码的过程为：首先读取由CAM 软件中按照一定策略所生成的加工当前零件的刀位文件（CLFS 文件），然后输入相关必要参数如机床配置参数、刀具参数、加工参数、程序头 / 程序尾等。之后，后处理器按行读入刀位文件并根据主命令字判断当前行所使用的处理语句调用相应的后处理算法例如，“GOTO/40.4089,45.0000,–1.7172,–0.0190529,0.1573872,0.9873532”语句行，后处理器根据改行所出现的主命令字“GOTO”判定此行命令为指定刀具运动点 MCS 坐标命令将该命令转译为直线插补命令“G01”后，根据后面 X、Y、Z 以及刀轴矢量 U、V、W 按照之前所配置的相关参数如机床配置参数、刀具参数、加工参数、程序头 / 程序尾等按照相应后处理算法进行转译得到与机床坐标系相对应的并可识别的命令代码与坐标代码。当后处理器将全部 CLFS 文件读取完毕后，输出所得到的NC 程序。加工数控代码生成流程图如图 5–14 所示。

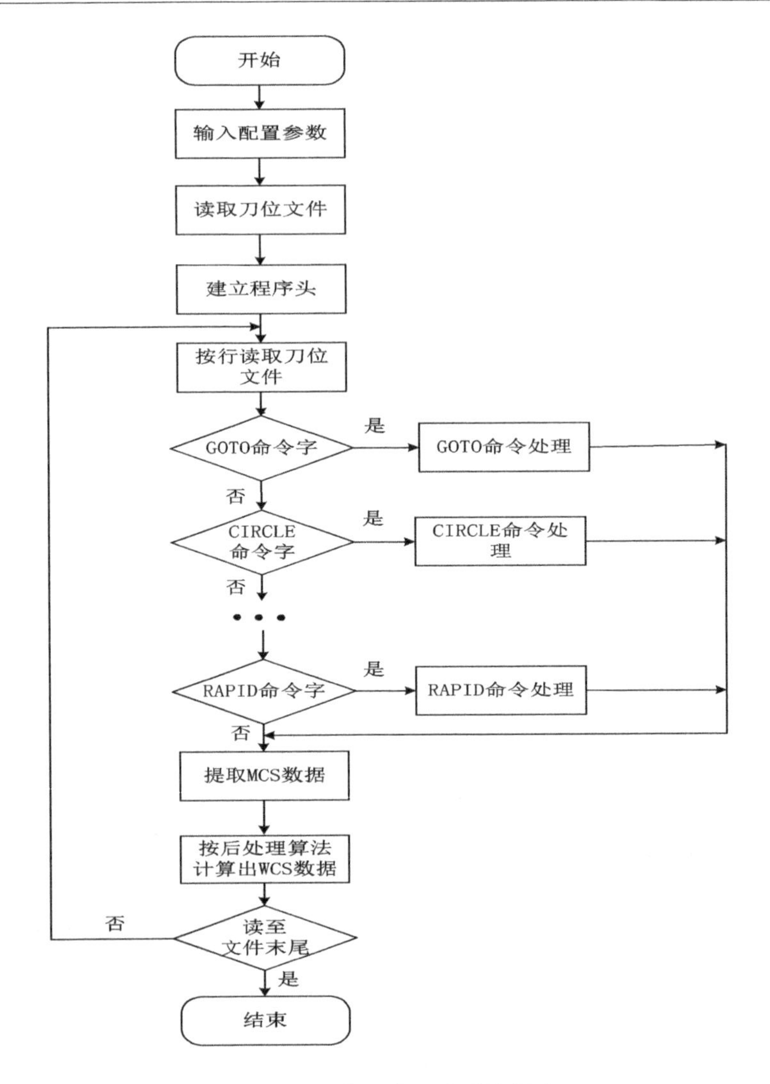

图 5-14 加工代码生成流程图

5.6 NC 代码解释器的实现

5.6.1 NC 代码解释器总体结构

NC 代码解释器主要进行的工作有语法检查、译码这两项任务。目前，数控程序的译码方式主要有以下两种。第一种方式采用解释的方式逐条读取 NC 指令控制机床，该种方式进行译码对整个系统的实时性要求极高，若在上一段 NC 指令执行完成后，下一段代码译码并未完成，则无法继续进行插补和位置控制。另一种采用译码的方式一次性完成全部加工代码的译码与刀补工作，该种方式的译码过程与运动间接相关，对整个系统的实时性要求不高。

本文倾向使用编译方式进行 NC 代码的译码，基于 VS2012 平台进行整个译码模块的开发，这样不仅可以大大减少实时任务的负担进而也减少了系统资源的配置要求并方便整个数控系统的集成编程。采用编译的方式进行译码，虽然会增加整个系统的内存使用量，但是随着 PC 技术的发展，这个问题已经得到很好的解决。

5.6.2　NC 代码格式

每个 NC 代码行可以由包括字母、数字、空格、TAB、回车等元素组成，每一行最多允许有 256 个字符。其中，字母大小写并不影响整个译码过程的进行，即 NC 代码“G01 X06”与“g01 x06”是一样的。此外，在 NC 代码内出现的空格和 TAB，译码模块会自动将其消除不列入编译范围。

（1）斜杠（“/”）。经由斜杠放于开头进行注释的程序行，译码模块将此行忽略，甚至不读取。

（2）行号。行号以字母“N”开头，其后跟一个整数，这个整数范围根据所建立的数据存储数组大小有关，如果超过这个范围则译码模块将报错。

（3）程序本体。构成程序本体的要素为程序字。程序字由特征代码和后续的数值组成。例如，“G06.5 X100”，其中，“G”，“X”为程序的特征代码，“06.5”和“100”为该代码后的数值。然而关于特征代码并不是所有字母都有意义，需要根据 NC 代码标准为特定的字母赋予相应的意义，如果程序段中出现没有定义的字符，则译码模块将会报错。同一个特征代码会根据其后数值的不同会有不同的意义如特征代码“G”后面的数值为“06.5”则代表 NURBS 插补，如果后面的数值为“02”则代表圆弧插补。如果，数值超过了所预编的有效范围，则译码模块会报错。

（4）程序行结束符——回车。NC 代码由以上四个部分构成，其中第一部分不参与实际译码过程可以省略，而其余三个部分包含译码模块进行译码时必须要获取的信息，故每一行 NC 代码必须包含，否则密码模块将报错。

5.6.3　NC 代码读取

译码模块需要将后处理器所生成的 NC 代码进行读入，然后存储到相应的数据结构中并在读入的过程中检查 NC 代码是否有误。

NC 代码的读取过程如图 5–15 所示，首先，逐个字符读入 NC 代码，对构成 NC 代码的字符流进行扫描和分解，进而逐个识别相应单词。这里所指的单词是指逻辑上紧密相连的一组字符，这些字符具有集体意义，是最小的语法单位，在数控程序中称为程序字。为了有效的从源程序文本分离这些单词们需要先对源程序文本输入的字符串进行编辑，消除输入代码中的注释、空格、换行符以及其他的一些对语法分析和数据处理无用的信息。当单词都被有序的提取出来后对所提取的单词进行检测检查是否存在非法的未定义单词以及单词后的数值是否超出所规定范围。

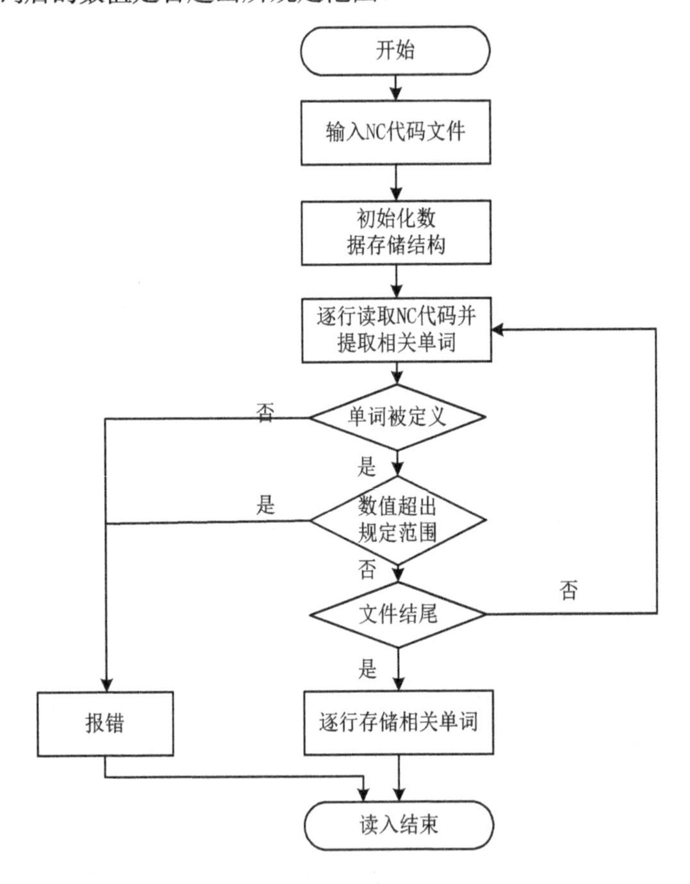

图 5-15　NC 代码读取流程图

本书主要通过 VS2012 编写逐行分离 NC 代码函数 Gcode_SeparateGFile() 如附录 3 所示。首先针对所读取的 NC 代码建立代码缓存区，其指针为 (* p_source)，然后针对于全篇代码的无意义字符如，空白行、空格、换行符等进行清除。最后通过 Gcode_CompileGCode(strline) 函数针对每一行 NC 代码进行单词识别并返回错误代码。由于单词识别函数包含单词解释功能，本文将在下节进行介绍。

5.6.4 NC 代码解释

NC 代码解释需要采用顺序的方法，对同一行 NC 代码指令逐一进行执行，其处理顺序图如图 5-16 所示。

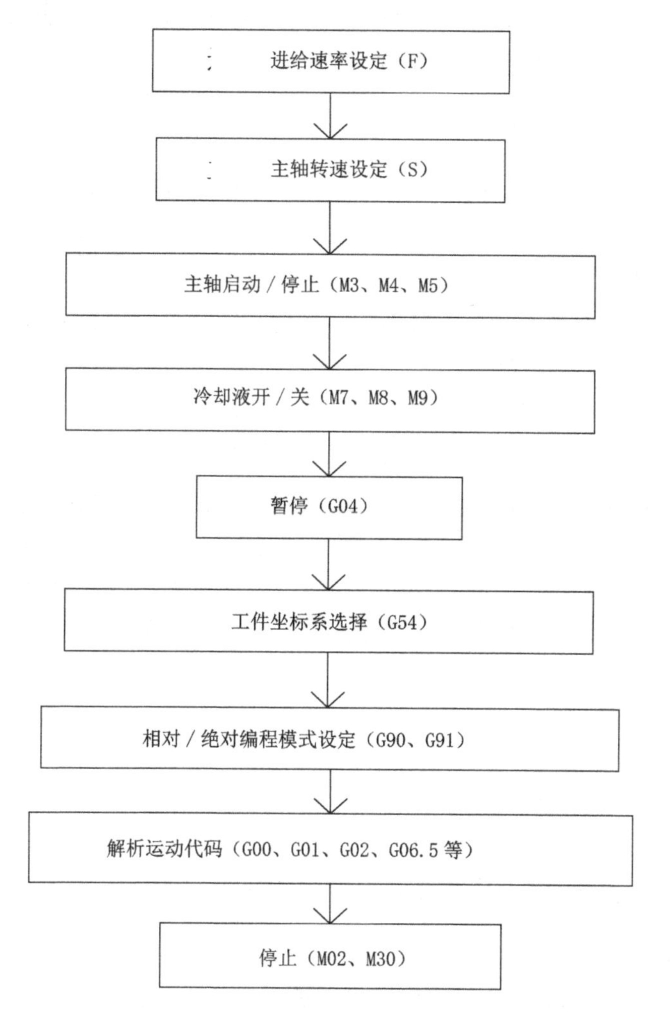

图 5-16　NC 代码解释流程图

针对于上文提到 NC 代码读入时所存储的单词，NC 代码解释模块检查其每一个单词，如果该单词有意义，就调用相应的函数进行处理、翻译。最后将翻译得到的 NC 代码段的终点坐标、进给量等信息传递给数据处理模块在经由 SERCOS 命令通道传递给轴模块或者软 PLC 模块完成相应动作指令。本文基于 VS2012 平台编写了 NC 代码解释器所需要的函数 int Gcode_CompileGCode() 如附录 4 所示，以 G 代码举例，其他代码具体实现与 G 代码实现方式类似。首先针对于所读取的单行 NC 代码进行特征码（pchar）的逐一提取，当提取到所预设的特征码后，根据特征码后面的数字进行相关单词的提取（iGType），即单词识别。而后为每一个代码设置相应的指令如（case GCODE_TYPE_G00）将必要参数传递给相应模块等。最后，返回相应状态代码（ERR_GTypeErr、ERR_NoError）。

5.6.5 错误处理

由于在编写 NC 代码时难以避免会出现错误，故需要针对可能出现的错误进行处理。常见的错误有以下几种如：未定义的输入字符、文件操作失败、缺少指令或参数值、不合法的字符组等。如果不经过语法检查直接进行插补这可能会造成重大事故。为了保证整个开放式数控系统的健康性，在进行 NC 代码的读入与解释的过程中会相关内容进行检查。

在进行 NC 代码的读入和解释时需要时刻检查错误，对于所有读入和编译的相关函数都具有返回值，如上节 Gcode_CompileGCode() 所示 ERR_NoError，每个函数都通过判断它调用的下层函数的返回值来判断下层函数在调用期间是否发生错误。通过返回调用函数的方法一层一层的返回错误的特定值，最后由报错函数统一处理，而不是在错误发生时就直接跳出并报错，这样处理错误信息的方法将大大的提高整个系统的工作效率。

5.7 性能分析及实验验证

5.7.1 基于优化刀具补偿通用五轴机床后处理软件实现

后处理器主界面如图 5–17 所示，打开 CL 文件的按钮、输出 NC 文件的按钮以及显示文件路径的编辑框在主界面的上方。加工参数编辑区在主界面的左侧，主要功能是针对加工时的主要参数进行输入。NC 代码程序头、程序尾的代码编辑区域在主界面的左下方。机床参数配置按钮、刀具参数配置按钮、NC 代码生成按钮在主界面的右侧。

刀具参数配置子界面如图 5–18 所示。位于子界面左侧为一个可以选择刀具类型的组合框以及一个能够显示选择刀具类型的文本框。当进行完刀具类型选择后，子界面中间的刀具参数编辑区域被激活，允许进行刀具相关基本参数的输入。此处，T 为刀具已经加工的加工时间。刀具优化补偿算法所需要的相关参数编辑区位与子界面的右侧。

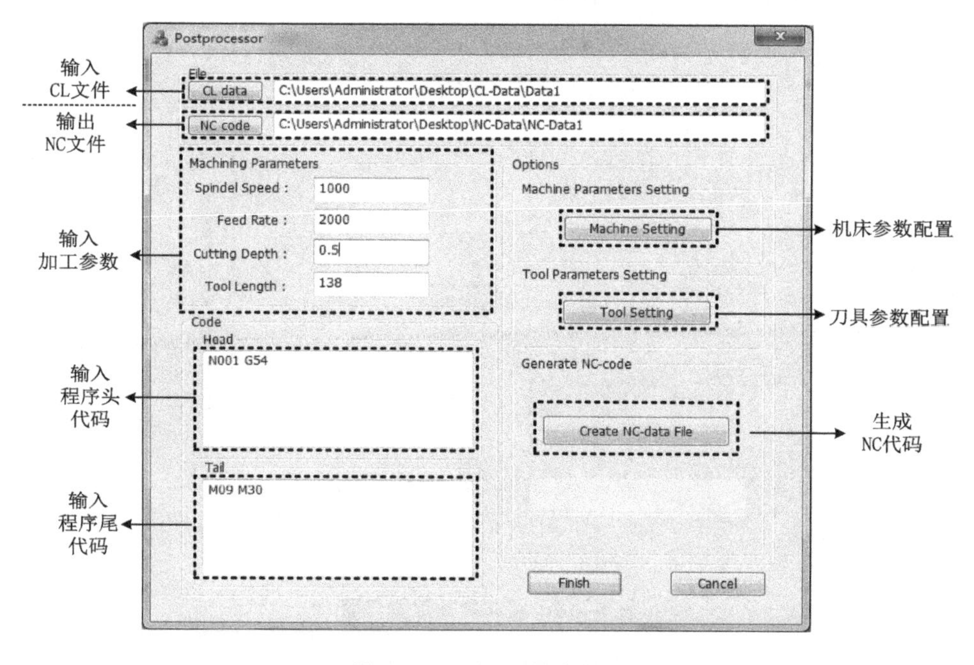

图 5-17　后处理器主界面

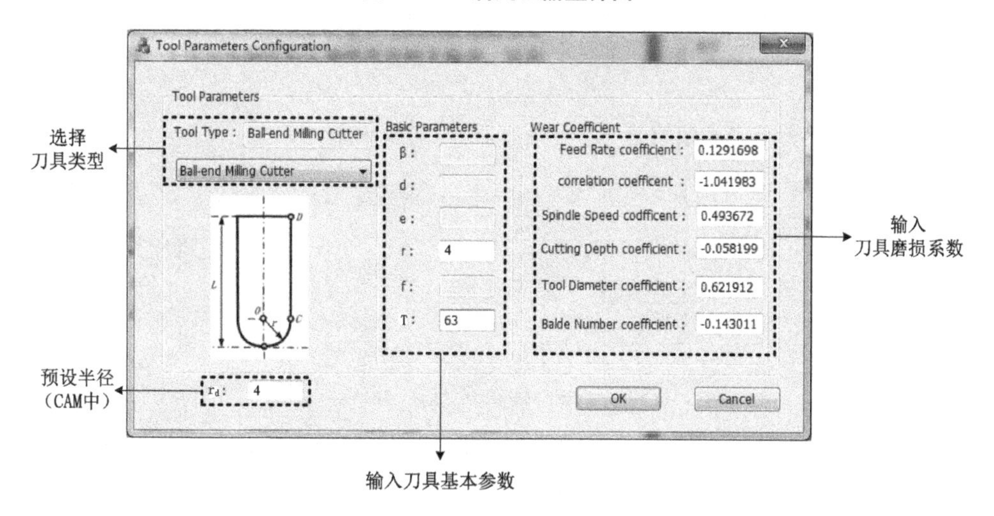

图 5-18　刀具参数配置界面

机床参数配置子界面如图 5-19 所示。位于子界面的右边包括了位置向量编辑区以及旋转角度编辑区，机床参数示意图在子界面的左边。

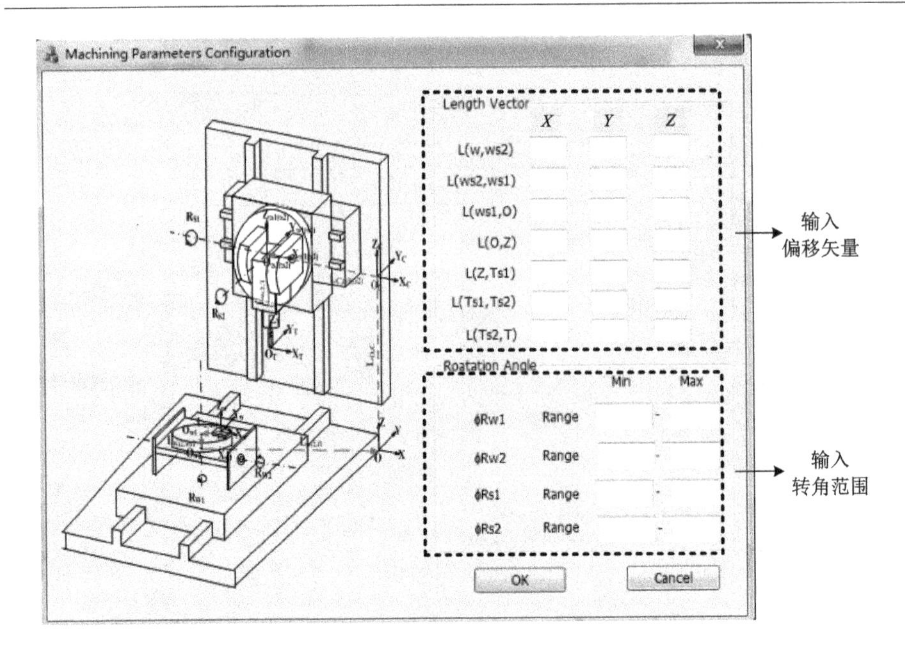

图 5-19　机床参数配置界面

基于刀具优化补偿的通用五轴机床后处理器生成 NC 代码的流程图如图 5-20 所示。

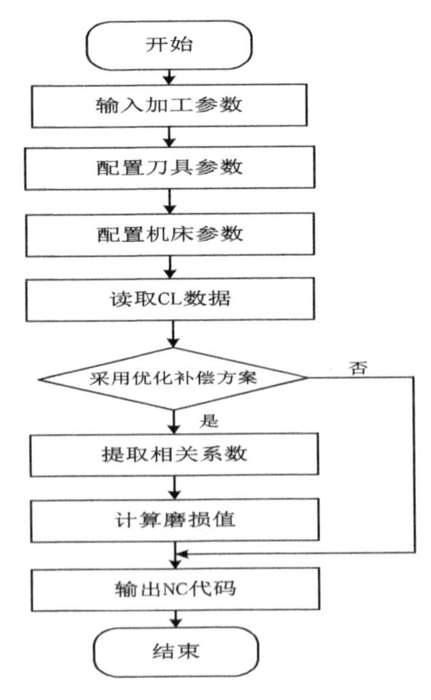

图 5-20　NC 代码生成流程图

首先，输入实际加工所需要的加工参数包括进给率、刀具长度等，然后，针对于刀具以及所使用的机床进行相关参数配置。当后处理器读取CL文件后，其根据上文所提到的算法计算每条NC代码刀具的磨损并检测是否需要调用刀具优化补偿策略。最后后处理器输出带有用户自定义的程序头、程序尾代码的NC文件。

5.7.2 加工仿真验证

为了证明所提出的算法以及后处理器的有效性和可靠性，本文基于VERICUT软件进行加工仿真验证。本文通过商用CAD/CAM软件UG/CAM，选用球头刀生成刀具路径。并且从UG/CAM软件中通过软件自带拓展接口获得所需CL文件。最后，通过所建立的后处理器生成NC代码文件。实验用贝塞尔曲面如图5–21所示，其控制点用一个4×4矩阵进行表示。

$$\begin{bmatrix} (-30,-60,30) & (0,-60,30) & (30,-60,30) & (60,-60,20) \\ (-30,-30,30) & (0,-30,30) & (30,-30,30) & (60,-30,20) \\ (-30,0,20) & (0,0,30) & (30,0,30) & (60,0,30) \\ (-30,30,20) & (0,30,30) & (30,30,30) & (60,30,30) \end{bmatrix}$$

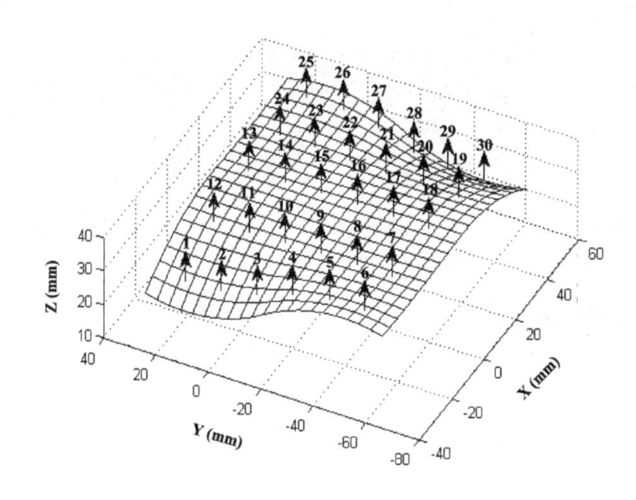

图5–21 实验用贝塞尔曲面

实验所选用的球头刀直径为8mm，在UG/CAM中所选用的加工策略为“multi-axis”，所选择的刀具控制方式为“Relative to driver”。刀具路径图如图5–22所示。在仿真实验中，无法验证刀具磨损对加工所造成的影响，本文在后续章节通过三坐标测量实验进行验证。基于此，在刀具参数子界面设置磨损系数编辑框内的参数为不可用并设置参数 r=4，r_d=4。

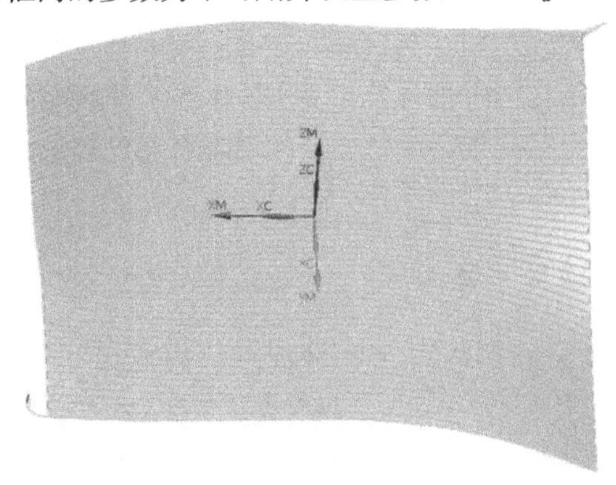

图 5-22　使用 D8 球头铣刀所生成的刀具路径图

在上节曾经提到本文以双转台 AC 五轴机床为例进行研究，在 VERICUT 中机床仿真模型如图 5-23 所示。将已经生成好的 NC 代码输入至 VERICUT 仿真实例内并选用直径为 8mm 的球头铣刀作为加工刀具，其仿真结果如图 5-24 所示。

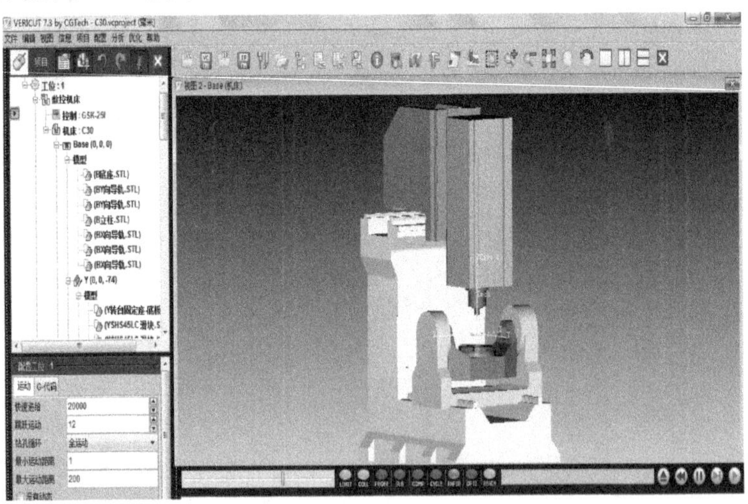

图 5-23　双转台 AC 五轴机床仿真结构

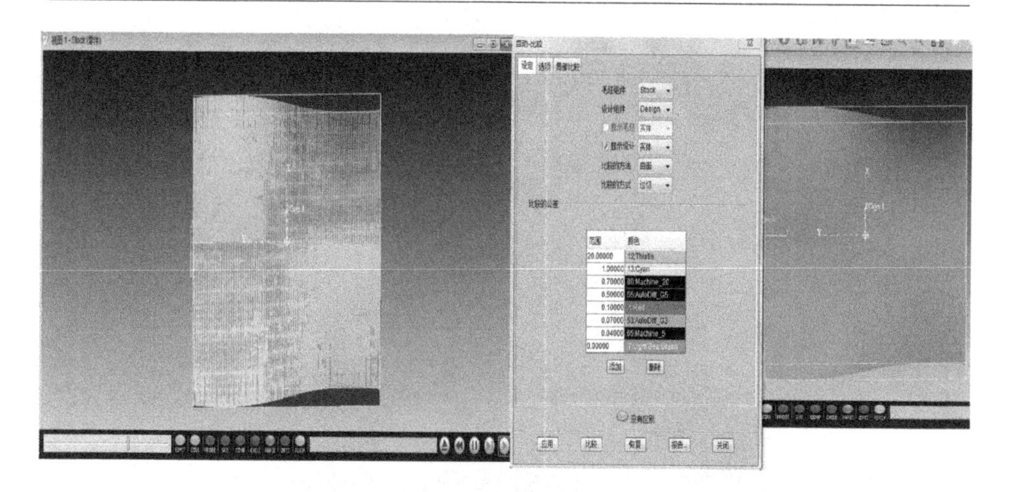

图 5–24　使用 D8 球头铣刀的过切仿真结果图（刀具参数设置为 r=4，r_d=4）

当刀具直径发生改变时，加工结果会出现以下两种情况。本文假定刀具从直径 8mm 变小为直径为 6mm。第一种情况为，当刀具直径变化时，其刀具的长度也随之变化，这种情况出现在选用了不同规格的刀具进行加工时，该种情况的仿真结果图与过切比较图如图 5–25(a) 所示。第二种情况则为，当刀具直径发生变化时，刀具的长度并不改变，这种情况普遍出现于刀具磨损的时候，其仿真结果图以及欠切比较图，如图 5–25(b) 所示。最后，当使用本文建立的后处理器并将刀具参数子界面内的“r”设置为“3”，其仿真结果图和过切比较图，如图 5–26 所示。

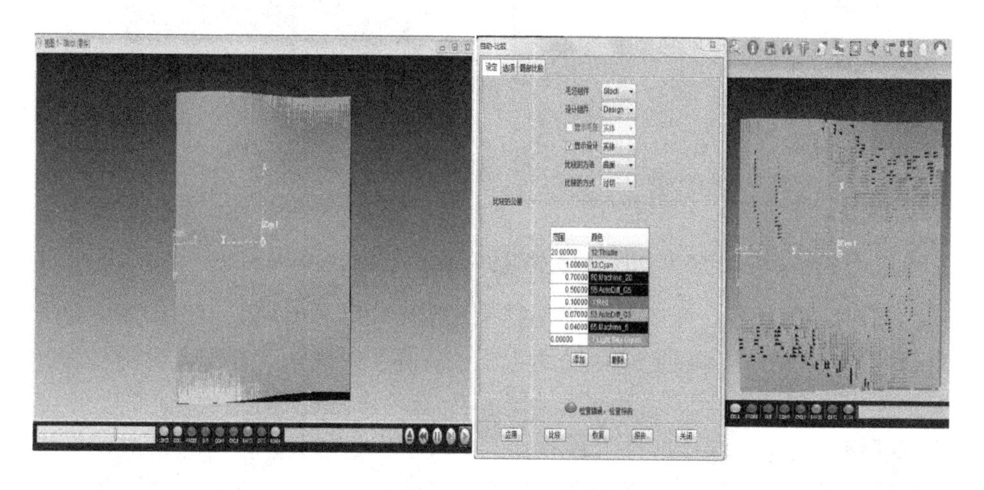

（a）刀具长度减少仿真结果

图 5–25　刀具直径变化后的仿真结果 (a)

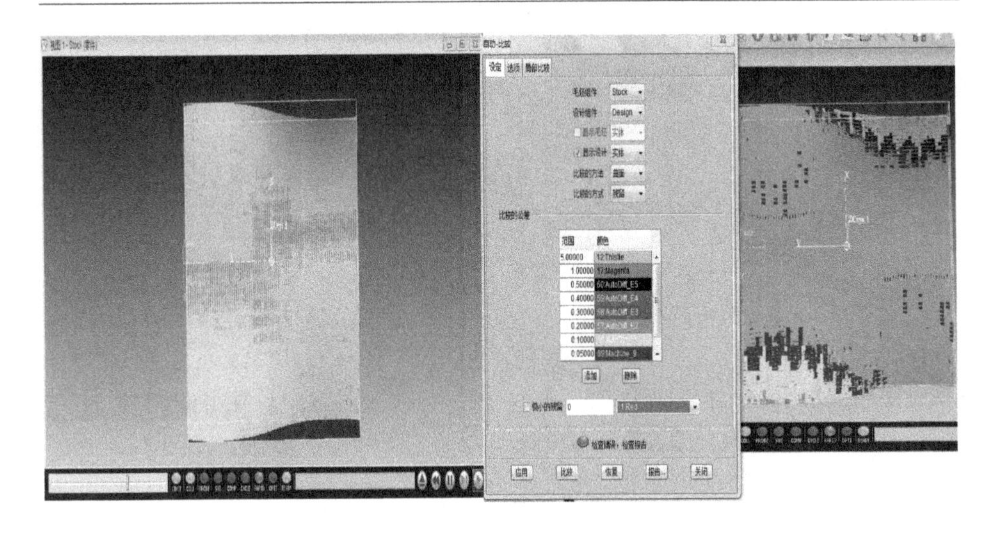

（b）刀具长度不变仿真结果

图 5-25　刀具直径变化后的仿真结果 (b)

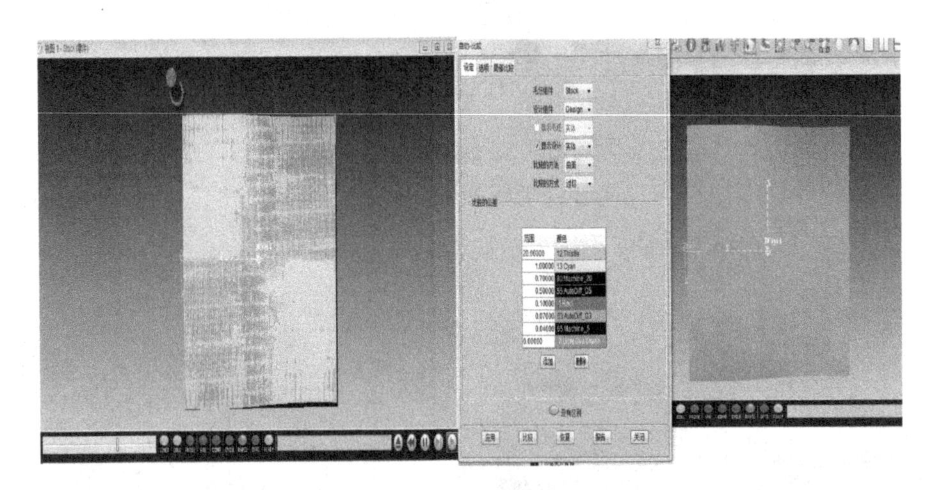

图 5-26　直径为 D6 的球头铣刀仿真结果（刀具参数为 r=3，r_d=3）

如图 5-24 所示，从右侧的过切结果比较图可以看出加工工件表面没有出现任何过切和欠切。如图 5-25(a) 可以看出，在工件表面出现了大量的过切点并且根据过切结果比较图得出误差范围在 0.04~0.1mm。图 5-25(b) 内并没有出现任何过切点，相反的在工件表面上出现了大量的欠切点并且从欠切结果比较图中可以发现其误差远远的超出了 0.1mm。图 5-26 所示的仿真结果与图 5-24 的结果类似，在工件加工表面上并没有出现任何过切并且加工误差都小于 0.02mm。将图 5-26 的仿真结果与图 5-24 的仿真结果进行对比可以发现，所提出的后处理器采用宏变量去修正 NC 代码去实现刀具离线补偿的方法是可行的。通过修改宏变量进行刀具补偿可以使不带有刀具补偿功能的 CNC 系统避免在刀具半径发生改变时必须要回到 CAM 软件中去重新生成刀路在转化 NC 代码的繁琐步骤，这将大大的减少总加工时间以及提高 NC 代码的复用率。然而，仿真实验并不能准确的反映出刀具磨损产生的半径变化将如何影响加工精度，本文将在下一节进行讨论。

5.7.3 三坐标测量验证

为了验证所提出的刀具优化补偿算法的正确性和可行性以及探究由于摩擦引起的刀具半径变化如何影响加工精度，本文基于双转台五轴机床分别采用本文所提出的刀具半径优化补偿方法和一般刀具半径补偿方法对所加工的零件在三坐标测量仪上进行验证。实验条件如下：

（1）直径为 8mm 的球头铣刀；

（2）主轴转速为 1000r.p.m 进给率为 100mm/min；

（3）切削行距为 0.3mm；

（4）有效刀具长度为 63.271mm；

（5）工件材料为 Cr12 模具钢；

（6）刀具材料为高速钢；

（7）许用加工误差为 ς=0.02mm。

根据上文所提到的“复映法”测量的刀具磨损系数如表 5–2 所示。

表 5–2 刀具磨损系数

磨损系数	数值
进给率系数 (K)	0.1291698
相关系数 (x)	– 1.041983
主轴转速系数 (y)	0.493672
切深系数 (z)	– 0.058199
刀具直径系数 (m)	0.621912
刀齿数系数 (e)	– 0.143011
切削刃微元系数 (v)	0.605423
时间间隔系数 (u)	– 0.569452

工中心对零件进行加工如图 5–27 所示，得出的加工零件如图 5–28 所示，其中工件 A 为使用一般刀具补偿方法进行加工的工件，工件 B 为使用刀具优

化补偿方法进行加工的工件。

图 5-27　五轴加工中心进行零件加工

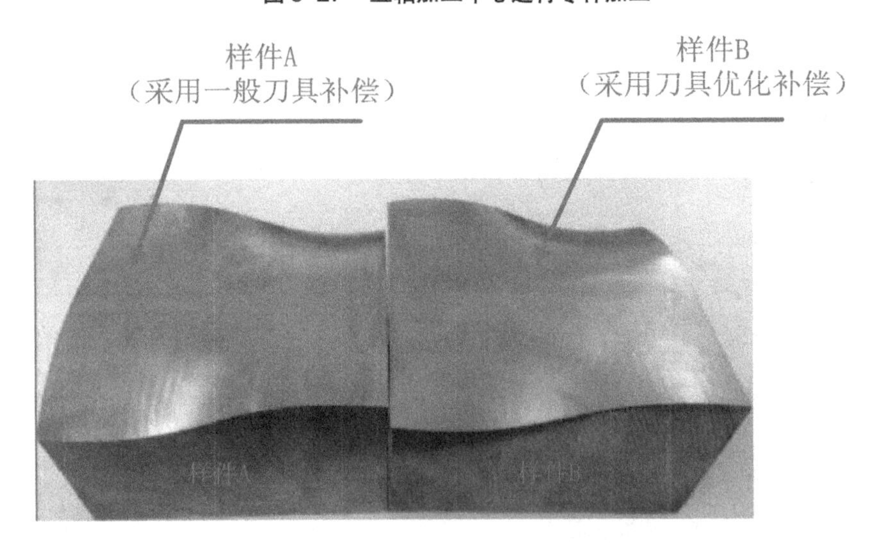

图 5-28　加工试件图

本文使用 2mm 雷恩绍（Renishaw）PH-9 测量探头对 30 个已经预设好的测量点（如图 5-21 所示）进行工件表面尺寸误差测量。

在精加工和大型件加工中，刀具磨损会使刀具径向尺寸减小，从而影响零件的加工精度并且其尺寸误差主要出现在工件表面的法方向上。在三坐标测量实验中，测量点和测量点的法向量如表 5-3 所示。

表 5–3 三坐标实验测量点及其法向量

编号	测量点	法向量
1	(–29.043,28.928,20.364)	(-6.912,-2.019,11.479)
2	(-29.043,11.349,19.082)	(-6.247,0.5417,10.299)
3	(-29.043,-6.23,22.348)	(4.056,2.740,9.5092)
4	(-29.043,-23.809,28.402)	(-0.939,4.031,13.958)
5	(-29.043,-41.388,29.025)	(1.810,0.864,17.01)
6	(-29.043,-58.967,30.000)	(0.515,-2.128,12.254)
7	(-8.102,-58.967,29.889)	(-0.038,-0.325,13.6489)
8	(-8.102,-41.388,30.000)	(0.232,0.080,11.024)
9	(-8.102,-23.809,29.601)	(-0.908,0.750,17.355)
10	(-8.102,-6.23,28.293)	(-3.270,0.677,16.125)
11	(-8.102,11.349,28.293)	(-4.045,0.109,14.813)
12	(-8.102,28.928,28.293)	(-3.981,-0.404,16.091)
13	(15.000,28.928,30.000)	(0,0,30.000)
14	(15.000,11.349,30.000)	(0,0,30.000)
15	(15.000,-6.23,30.000)	(0,0,30.000)
16	(15.000,-23.809,30.000)	(0,0,30.000)
17	(15.000,-41.388,30.000)	(0,0,30.000)
18	(15.000,-58.967,30.000)	(0,0,30.000)
19	(33.78,-58.967,29.364)	(2.221,0.117,11.710)
20	(33.78,-41.388,29.241)	(2.930,-0.045,13.730)
21	(33.78,-23.809,29.486)	(2.049,-0.207,13.091)
22	(33.78,-6.23,29.841)	(0.694,-0.208,14.629)
23	(33.78,11.349,30.000)	(-0.023,-0.015,5.8475)
24	(33.78,28.928,30.000)	(0.1133,0.087,7.797)
25	(54.721,28.928,30.000)	(-0.311,1.282,9.352)
26	(54.721,11.349,30.000)	(-0.767,-0.341,9.399)
27	(54.721,-6.23,28.703)	(0.340,-1.272,5.6264)
28	(54.721,-23.809,23.843)	(1.737,-0.986,4.476)
29	(54.721,-41.388,21.532)	(2.559,-0.179,4.748)
30	(54.721,-58.967,22.417)	(2.665,0.762,5.547)

由图 5–29 可以得出，当在加工的初始阶段（点 1 至点 2 处）两个零件的尺寸误差都超过了许用加工误差 ς=0.02mm。这是因为在加工初期，由于刀具磨损剧烈产生了大量的切削热和切削力。切削热和切削力在加工中也是影响尺寸误差的因素之一，但是可以看出采用了刀具优化补偿方法的零件尺寸误差明显要小于为一般补偿方法加工的零件。

当刀具进入正常磨损阶段（点 3 至点 30 处），刀具磨损速度变慢，可以从图中明显看出与未采用刀具优化补偿方法加工的零件相比，采用了本文所提出的方法进行补偿的零件的尺寸误差明显要小很多。随着刀具磨损的逐渐增加（点 19 至点 30 处），在加工中会出现大量的切削热并且切削力也同样会快速增加，这使得两个工件再一次超出了加工许用误差。但是同样可以看出，采用了刀具优化补偿方法的尺寸误差要比未采用其方法加工的尺寸误差曲线要相对平稳，因此提高了整个加工的稳定性。由于本文只考虑了刀具磨损影响加工精度的问题并未将切削热、切削力等因素进行综合考虑，此类问题将在今后的研究中继续进行，然而实验结果仍然可以证明所提出的算法以及所开发的后处理器的正确性和可行性。

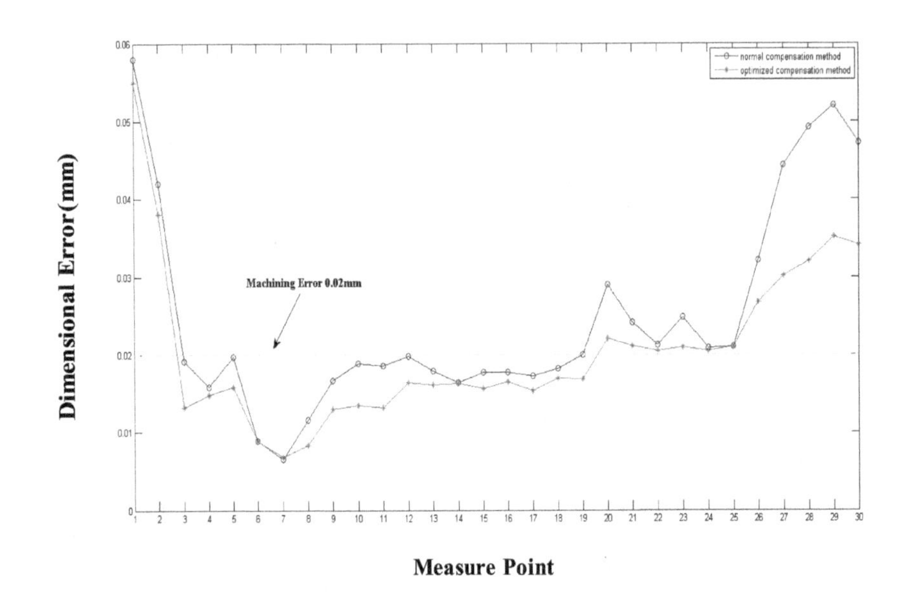

图 5-29　A、B 两零件表面尺寸误差对比图

5.8　本章小结

本章首先针对基于 DIN 662151 的参数化刀具通用模型，研究了端铣加工中常用的三种铣刀：平底铣刀、球头铣刀、环形铣刀并建立了相关补偿模型得到了其补偿向量和补偿量，为所开发的后处理器提供了理论基础。其次，提出一种基于刀具磨损的优化刀具补偿模型，该模型可以基于刀具磨损，判定每一行 NC 加工代码中刀具的切触位置计算其磨损量并且建立了一个五轴机床通用结构模型。再次，本章对于 NC 代码解释器相关技术进行了研究并基于 VS2012 平台完成了整个 NC 代码解释器的开发以及开发出基于刀具半径优化补偿的通用五轴机床后处理器，其能够通过宏变量对 NC 代码进行修正，使加工效率、加工精度得到了提高并且同时提高了 NC 代码的重用性。最后，本文通过仿真实验和三坐标实验证明所开发后处理器的正确性和适用性。

结　论

本文基于中国制造 2025 以及德国工业 4.0 关于智能制造的指导方向，通过分析当前开放式数控系统研究成果的基础上对开放式数控系统关键技术进行了研究，采用了国际标准接口“SERCOS”并基于被动式 SERCOS 主站卡搭建 CNC 与伺服之间的数据传输通道。在此基础上，本文深入研究开放式数控系统 NURBS 插补技术，后处理技术以及软 PLC 实现技术等，主要创新点如下：

（1）搭建整个开放式数控系统用于 SERCOS 报文传输命令通道以及服务通道摒弃以往需要通过商用应用程序 SoftSERCANS 进行驱动，使得整个系统在进行工作的过程中，可以按照用户的需要数据流进行提取，为智能制造加工算法分析提供了数据支持并提高了整个系统的开放性。

（2）提出一种基于 NURBS 曲线 S 形加减速的多因素的速度限制条件实时插补算法，该算法不依赖于曲线弧长的精确计算的正向与反向同步插补的方法，并且该算法无需求解高次方程，并可以保证以确定的速度通过曲率极值点和曲线终点，很好的保证了插补过程中的实时性。

（3）采用了解释原理，通过逐级扫描和关键字匹配的方法的建立运行系统，实现了对源语言程序的直接翻译，省去了提前编译成目标代码的繁琐过程。建立了基于 IDB 文件的 HMI 与数据处理模块间的通讯，该方法可以根据实验的预期效果动态的调整程序为程序的优化提供了极大的便利。在智能制造的前提下，建立了数据处理模块和智能算法模块并基于此进行了多线程设计，避免多个线程同时访问同一共享资源，确保了进程执行的先后顺序以及数据读写的先后顺序。

（4）提出一种基于刀具磨损模型的刀具优化补偿方法，并且根据所提出的五轴机床通用后处理模型建立了后处理器，可以使加工中的加工效率、加工精度得到了提高，并且提高 NC 代码的重用性，同时还能够增强整个系统的开放性，具有一定实用价值。

未来工作展望：

本文的研究成果一定程度上为提高整个开放系统的可互换性、可伸缩性、可移植性、可扩展性提供了理论依据和技术支持。然而，由于时间的限制，作者认为，日后还需从以下方面做进一步研究：

（1）根据中国制造 2025 的要求，可以针对本文所开发的数据处理模块和智能算法模块，通过外接 I/O 采集设备对智能控制算法进行深入研究，实现整个系统的多因素控制，提高加工的稳定性与加工精度。

（2）为了使所提出的补偿模型更加精确，可以研究在多因素耦合条件下建立刀具优化补偿模型，如切削热、切削力、磨损等方面综合影响；

（3）基于开放式数控接口 SERCOS 采用更多先进的数据采集设备，针对于加工过程进行监控，获得预测模型更准确，智能性与开放性更强的开放式数控系统。

目前实验室已经有部分人员对以上方向展开了相关研究。

参考文献

[1] OSACA Work Group. OSACA Handbook Part I: Basics of OSACA. http://www.osaca.org/,1996, 7.

[2] Owen J V. Opening up Controls Architecture[J]. Manufacturing Engineering, 1995,115(5):53-60.

[3] M. Babb. PCs: The Foundation of Open Architecture Control Systems. Control Engineering. 1996,43(1): 75-76.

[4] 陈莉丹 . 基于工业 PC 的开放式数控系统的研究 [D]. 长春 : 长春理工大学 , 2015.

[5] 陶耀东 , 李辉 , 郑一麟 , 等 . 开放式数控系统跨平台技术研究与应用 [J]. 计算机工程与设计 , 2013, 34(4):1232-1237.

[6] C. Sawada, O. Akira. Open Controller Architecture OSEC-II: Architecture Overview and Prototype Systems. IEEE Synposium on Emerging Technologies & Factory Automation, ETFA’97. Los Angeles, USA, 1997, (9): 543-550.

[7] OSEC, Open System Environment Consortium. http://www.sml.co.jp/OSEC.

[8] OSACA Work Group. Open System Architecture for controls within Automation System, EP 6379 & EP 9115. OSACA Ⅰ & Ⅱ Final Report. http://www.osaca.org/,1996: 1−10.

[9] W. Sperling, P. Lutz. Design Applications for an OSACA Control. Proceedings of the International Mechanical Engineering Congress and Exposition. USA, Dalles, 1997, (12): 16−21.

[10] OSACA Work Group. OSACA Handbook Part II: how to Develop OSACA.

[11] GM Powertrain Group Manufacturing Engineering Controls Council. Open, Modular Architecture Controller at GM Powertrain: Technology and Implementation. http://www.omac.org/techdocs/open_at_GM.pdf,1996, 5.

[12] S. Birla, D. Faulkner, J. Michaloski, etal. Reconfigurable Machine Controllers

using the OMAC API. Proceedings of the CIRP 1st International Conference on Reconfigurable Manufacturing, Ann Arbor, MI, 2001, (5): 21–32.

[13] S. Wang, C. V. Ravishankar , K. G. Shin. Open Architecture Controller Software for Integration of Machine Tool Monitoring. Proceeding of the 1999 IEEE International Conference on Robotics & Automation, 1999, (5): 1152–1157 .

[14] S. Birla. Software Modeling for Reconfigurable Machine Tool Controllers. Dissertation of PhD. Computer Science and Engineering. The University of Michigan, 1997:32–116.

[15] Y. M. Moon. Reconfigurable Machine Tool Design: Theory and Application. Dissertation of PhD. Mechanical Engineering. The University of Michigan, 2000:5–12.

[16] Shige Wang, Kang G. Shin. Reconfigurable Software for Open Architecture Controller. Proceeding of the 2001 IEEE International Conference on Robotics & Automation,2001, (5):4090–4095.

[17] Intelligent Manufacturing Laboratory of Purdue University. Control of Machining Processes and Systems. http://widget.ecn.purdue.edu/~simlink/a_control.html.

[18] Manufacturing Automation Laboratories of University of British Columbia. Intelligent Machining Module. http://www.mech.ubc.ca/~mal/research/ ims.htm.

[19] Y. Altintas, W. K. Munasinghe. A Hierarchical Open-Architecture CNC System for Machine Tools. Annals of the CIRP,1994,43(1):349–354.

[20] F. Wang, P. K. Wright. Open Architecture Controllers for Machine Tools,Part 2: A Real Time Quintic Spline Interpolator. Transactions of the ASME. Journal of Manufacturing Science and Engineering,1998,120(5):425–432.

[21] R. G. Hillaire. New Machining Strategies with Open Architecture Controllers. PhD. Dissertation, University of California, Berkeley, 2001:4–12.

[22] G. Pritschow, P. Lutz. Design of a Common Data Model for Vendor-independent Open Control Systems.WAC’ 2000 Conferrence.

[23] G. Pritschow, C. Daniel, G.. Junghans, W. Sperling. Open System Controllers -a Challenge for the Future of Machine Tool industry. CIRP Annals, 1993, 42(1): 449–452.

[24] M. Mitsuishi, S. Warisawa, R. Hanayama. Development of an Intelligent High-Speed Machining Center. Annals of the CIRP. 2001,50(1):275–280.

[25] 王文，秦兴，陈子辰．基于软件构件技术的开放式数控系统研究 [J]. 中国机械工程 ,2001,12 (7): 783-787.

[26] 陈子辰，戴晓华，王威．基于 COM 标准的可重构数控系统研究 [J]. 计算机辅助设计与图形学学报 . 2001,13(8): 1-6.

[27] 陈友东，陈五一，王田苗．基于组件的开放结构数控 [J]. 机械工程学报，2006，42(6): 188-192.

[28] 陈友东，樊锐，陈五一．基于 RT-Linux 开放式虚轴机床数控系统研究 [J]. 中国机械工程 . 2002,13(15): 1339-1342.

[29] 魏仁选，陈幼平，周祖德，等．开放式数控软件的面向对象建模及其重用研究 [J]. 高技术通信 . 1998,(12): 30-34.

[30] 左静，魏仁选．数控系统软件芯片的研制和开发 [J]. 中国机械工程 . 1999,10(4): 424-427.

[31] 刘源．开放式数控系统的构建及其关键技术研究 [D]. 哈尔滨：哈尔滨工业大学，2010.

[32] 马雄波．基于 PC 机的开放式多轴软数控系统关键技术研究与实现 [D]. 哈尔滨：哈尔滨工业大学，2007.

[33] 张承瑞，刘日良，王恒．STEP-NC——新一代机床控制器 [J]. 组合机床与自动化加工技术 . 2002,(12): 35-37.

[34] 迟永琳，明良玉，吴祖育，等．基于 Windows NT 和 Linux 的开放式数控系统 [J]. 上海交通大学学报，2003, 37(1):44-46.

[35] 迟永琳，王宇晗，吴祖育，等．Linux-based Platform for Open Architecture Controller and Its Modular Developing Method[J]. 东华大学学报：英文版，2003, 20(2):107-111.

[36] 王敏，郁极．基于 Windows 3.x/95/NT 的开放式数控系统研究 [J]. 组合机床与自动加工技术，1998, (1): 27-29.

[37] Xing H, Jia H, Liu Y. Motion Control System using SERCOS over EtherCAT[J]. Procedia Engineering, 2011, 24:749-753.

[38] Chen, Zongyu, Congxin. Investigation on full distribution CNC system based on SERCOS bus[J]. 系统工程与电子技术 (英文版), 2008, 19(1):52-57.

[39] 李霞．基于 SERCOS 接口的开放式数控系统的研究 [D]. 北京：北京工业大学，2002.

[40] 方培潘．基于 SERCOS 总线协议的机床数控系统光纤通信设计 [D]. 广州：华南理工大学，2012.

[41] 许尉滇，付波．基于 SERCOS 接口的开放式数控系统 [J]. 上海大学学报

自然科学版，2007, 13(3):258-262.

[42] M. C. Tsai, C. W. Cheng , M. C. Cheng. A real-time NURBS interpolator for precision three-axis CNC machining. International Journal of Machine Tools & Manufacture, 2003, (43): 1217–1227.

[43] F. C. Wang, D. H. Yang. Nearly arc-length parameterized quintic spline interpolation for precision machining. Compute-Aided Design, 1993, 25(5): 281–288.

[44] S. Schofield, P. K. Wright. Open architecture controllers for machine tools, part 1: design principles. AMSE J Mfg Sci Engng, 1998, (120): 417–424.

[45] P. K. Wright, S. Schofield. Real time quintic spline interpolator for an open architecture machine tool. In: Proc of the ASME Dyn Sys Con Div, 1996, (58): 291–297.

[46] F. C. Wang, P. K. Wright. Open architecture controllers for machine tools, part 2: a real time quintic spline interpolator. AME J Mfg Sci Engng, 1998, (120): 425–432.

[47] R. T. Farouki. Real-time CNC Interpolators for Bezier Conics. Comp- uter-Aided Geometric Design,2001, (18): 639–655.

[48] M. Muller. High Accuracy Interpolation for 5-axis Machining. Computer-Aided Design,2004, (36): 1379–1393.

[49] F. Lazarus. Smooth Interpolation between Two Polylines in Space. Computer-Aided Design,1997, 29(3): 189–196.

[50] M. Tikhon, J. K. Tae and S. H. Lee. NURBS interpolator for constant material removal rate in open NC machine tools. International Journal of Advanced Manufacturing Technology,2004, 44: 237–245.

[51] B. Bahr, X. M. Xiao and K. Krishnan. A real-time scheme of cubic parametric curve interpolations for CNC systems. Computers in Industry, 2001, (45): 309–317.

[52] BEDI, S, ALI, I, QUAN, N. Advanced techniques for CNC machines[J]. Journal of Engineering for Industry, 1993, 115(3): 329–336.

[53] SHPITALNI, M, KOREN, Y, LO, C, C. Real-time curve interpolators[J]. Computer Aided Design, 1994, 26(11): 832–838.

[54] SHIUH, S, HSU, P, L. Adaptive-feedrate interpolation for parametric curves with a confined chord error[J]. Computer-Aided Design, 2002, 34(3): 229–237.

[55] TSAI, M, C, CHENG, CW. A real-time predictor-corrector interpolator for CNC machining[J]. Journal of Manufacturing Science and Engineering, 2003, 125(8): 449−460.

[56] TIKHON, M, KO, T, J, LEE, S, H, etal. NURBS interpolator for constantmaterial removal rate in open NC machine tools[J]. International Journal of Machine Tools and Manufacture, 2004, 44(2): 237−245.

[57] LIU, X, B, AHMAD, F, YAMAZAKI, K, etal. Adaptive interpolation scheme for NURBS curves with the integration of machining dynamics[J]. International Journal of Machine Tools&Manufacture, 2005, 45(4): 433−444.

[58] NAM, S, H, Yang, M, Y. A study on a generalized parametric interpolator with real-time jerk-limited acceleration[J]. Computer-Aided Design, 2004, 36(1): 27−36.

[59] R. V. Flieisig, A. D. Spence. A constant feed and reduced angular acceleration interpolation algorithm for multi-axis machining[J].Computer-Aided Design, 2001, 33(1): 1−15.

[60] J. M. Langeron, E. Duc and C. Lartigue. A new format for 5-axis tool path computation, using Bspline curves[J].Computer-Aided Design, 2004, 36(12): 1219−1229.

[61] C. C. Lo. Real-time generation and control of cutter path for 5-axis[J].CNC machining. International Journal of Machine Tools & Manufacture,1999, (39): 471−488.

[62] 张春良 . 数字增量式直接函数法的圆弧插补算法的改进 [J]. 组合机床与自动化加工技术 ,2000,(6): 21−23.

[63] 黄翔 , 曾荣 , 岳伏军 . NURBS 插补技术在高速加工中的应用研究 [J]. 南京航空航天大学学报 ,2002, 34(1): 82−85.

[64] 帅梅 , 卜国磊 , 苗晓燕 . 五轴五联动数控系统快递推插补算法的研究 [J]. 西安交通大学学报 , 1999, 33(1): 93−96.

[65] 徐海银 , 陈幼平 , 周祖德 .CNC 系统中空间抛物线的五坐标迭代插补法 [J]. 华中理工大学学报 ,1998, 26(4): 50−52.

[66] 苏红涛 . 多轴联动插补的规划算法 [J]. 制造技术与机床 , 1999, (3): 29−31.

[67] 张伟 . CNC 系统中任意空间曲线的插补方法 [J]. 机械 , 2002, 29(2): 36−37.

[68] 赵国勇 , 徐志祥 , 赵福令 . 高速高精度数控加工中 NURBS 曲线插补的研究 [J]. 中国机械工程 , 2006, 17(3): 291−294.

[69] 周艳红 , 李国其 , 周济 . CNC 曲面直接插补 (SDI) 算法和系统 [J]. 华中理

工大学学报 , 1993, 21(4): 7-12.

[70] 王幼民 , 杨国太 . Bezier 曲线插补法在 CNC 系统中的应用 [J]. 机电工程 , 2000, 17(6): 45-47.

[71] 边玉超 , 张莉彦 , 戴莺莺 . CNC 系统中 NURBS 曲线实时插补算法研究 [J]. 机械制造与自动化 , 2003, (6): 36-39.

[72] 廖永进 , 王晓初 , 黄诗涌 . 基于 DSP 的 NURBS 曲线插补控制 [J]. 微计算机信息 ,2006, 22(6): 181-183.

[73] 何广忠 , 张连新 , 高洪明 . 基于开放式机器人控制器的 NURBS 路径插补方法的实现 [J]. 机器人 , 2006, 28(2): 120-124.

[74] 梁宏斌 , 王永章 , 李霞 . 自动调节进给速度的 NURBS 插补算法的研究与实现 [J]. 计算机集成制造系统 ,2006, 12(3): 428-433.

[75] 陈良骥 , 王永章 , 富宏亚 . 五轴联动双 NURBS 曲线的生成与插补方法研究 [J]. 机械制造 ,2006, 44(1): 67-70.

[76] 王海涛 , 赵东标 , 高素美 . NURBS 曲线实时插补中 S 型加减速算法的研究 [J]. 山东大学学报 (工学版), 2010, 40(1): 63-67.

[77] 张海涛 , 蔡安江 . NURBS 曲线插补的运动规划与自适应速度插补 [J]. 组合机床与自动化加工技术 , 2009, (10): 66-67.

[78] 刘宇 , 赵波 , 戴丽 , 等 . 基于传动系统动力学的 NURBS 曲线插补算法 [J]. 机械工程学报 , 2009, 45(12): 187-197.

[79] 彭芳瑜 , 何莹 , 罗忠诚 , 等 . NURBS 曲线机床动力学特性自适应直接插补 [J]. 华中科技大学学报 , 2005, (7): 80-83.

[80] 邓奕 , 彭浩舸 , 谢骐 .CAM 后置处理技术研究现状与发展趋势 [J]. 湖南工程学院学报 ,2003, 12(4):46-49.

[81] 胡乾坤 . 基于 CATIA 平台五轴数控加工编程后置处理技术研究 [D]. 沈阳 : 沈阳航空工业学院 ,2007.

[82] Takeuchi Y, Watanabe T Generation of 5-axis control collision-free tool path and postprocessing for NC data[J]. CIRP Ann Manuf Technol,1992 41:539–542.

[83] Lee RS, She CH. Developing a postprocessor for three types of five-axis machine tools[J]. Int J Adv Manuf Technol ,1997,13:658–665.

[84] Makhanov SS, W. Anotaipaiboon, Introduction to five-axis NC Machining advanced numerical methods to optimize cutting operations of five-axis milling machines, in, Springer Berlin, 2007:25–49.

[85] Sakamoto S, Inasaki I. Analysis of generating motion for five-axis machining

centers. Trans Japan Soc Mech Eng C, 1993, 59:1553–1559.

[86] Mahbubur RM, Heikkala J, Lappalainen K, Karjalainen JA . Position accuracy improvement in five-axis milling by post processing[J]. Int J Mach Tools Manuf , 1997, 37(2):223–236.

[87] Bohez, E.L.J., “Five-axis milling machine tool kinematic chaindesign and analysis” [J]International Journal of Machine Tools and Manufacture, Vol. 42, No. 4, 2002:505–520.

[88] She, C. H., Lee, R. S., “A postprocessor based on the kinematics model for general five-axis machine tools” [J].Journal of Manufacturing Processes, Vol. 2, No. 2, 2000: 131–141.

[89] She, C. H. , Chang, C. C., “Design of a generic five-axis postprocessor based on generalized kinematics model of machine tool” [J]International Journal of Machine Tools and Manufacture, Vol.47, No. 3–4, 2007:537–545.

[90] Tung C, Tso P. A generalized cutting location expression and postprocessors for multi-axis machine centers with tool compensation[J]. International Journal of Advanced Manufacturing Technology，2010，50(9–12)：1113–1123.

[91] Tung C, Tso P. Inverse kinematics with 3-dimensational tool compensation for 5-axis machine center of tilting rotary table[J]. Applied Mechanics and Materials，2012，110-116：3525–3533.

[92] 吕凤民 . 后置处理算法及基于 UG/Open GRIP 下的程序开发 [D]. 大连 : 大连理工大学 ,2005.

[93] 魏冠义 . 基于 MasterCAM9.0 的 XH715 数控加工中心后置处理程序开发 [D]. 成都 : 西南交通大学 ,2010.

[94] 邓突 . 基于 MasterCAM 的后置处理技术研究与实现 [D]. 长沙 : 湖南大学 ,2003.

[95] 马海涛 . 基于 Pro/E 并联机床后置处理系统研究 [D]. 哈尔滨 : 哈尔滨理工大学 , 2005.

[96] 赵世田 . 基于 UG/POST 五轴联动加工中心后置处理器的研发与应用 [D]. 淄博 : 山东理工大学 ,2005.

[97] 孙国平 . 基于 UG 的五轴加工中心的后处理 [D]. 无锡 : 江南大学 ,2009.

[98] 黄刚 , 唐清春 . 基于 UG 四轴后置处理软件开发 [J]. 组合机床与自动化加工技术 ,2010, 5:38–40.

[99] 周莹君 . 基于 UG NX 的 5 轴联动高速铣削加工中心后置处理软件的研

发 [D]. 上海 : 同济大学 , 2005.
[100] 丘立庆 . 数控加工编程通用后置处理器的研究与开发 [D]. 南宁 : 广西大学 , 2006.
[101] 陈晨 . 数控加工通用后置处理系统的开发及其关键技术研究 [D]. 武汉 : 华中科技大学 ,2009.
[102] 禚新伟 . 数控加工通用后置处理系统的研究与开发 [D]. 济南 : 山东大学 ,2009.
[103] Siemens. SINUMERIK 840D/840Di/810D/FM-NC programming guide advanced [M],Siemens Automation Group，2001.
[104] 黄秀文，高伟强，章晶，等 . 五轴数控空间刀具半径补偿的实现 [J]. 机电工程技术，2012，41(10)：108–112.
[105] 梁全，王永章 . 空间刀具半径补偿后置处理的研究 [J]. 组合机床与自动化加工技术，2007(8)：14-16.
[106] 洪海涛，于东，张立先，等 . 五轴端铣加工中 3D 刀具半径补偿研究 [J]. 中国机械工程，2009，20(15)：1770–1774.
[107] 杨乐 . 五轴联动数控系统刀具半径补偿研究 [D]. 哈尔滨：哈尔滨工业大学，2006.
[108] 陈天福，张平，饶宇辉 . 五轴联动数控 3D 刀具半径补偿后置处理的实现 [J]. 机床与液压，2013，41(5)：56–58.
[109] 陈明君，李凯，李子昂 . 五轴数控刀具半径补偿算法研究与数控仿真 [J]. 工具技术，2010，44(3)：62–64.
[110] Kara T,Eker I. Identification of nonlinear systems for feedback contro1.In Proceedings of the 4th GAP Engineering Congress. Literatur Press.2002.
[111] 王永章，杜君文，程国全 . 数控技术 [M]. 北京：高等教育出版社，2001,12:10–14.
[112] 钟庆昌 , 谢剑英 , 陈应麟 . 可编程序控制器编程语言标准 IEC1131–3. 电气传动 , 2000, (3):61–64.
[113] Borges J, PC vs. PLC for Machine and Process Control, Real-Time Magazine 97,(4): 71–72.
[114] Robert Holman, Automation , Controls Engineering, The PLC: New Technology, Greater Data Sharing, July 19, 2004, http: // www.softplc.com / articles.php.
[115] 黄延延 , 林跃 , 于海斌 . 软 PLC 技术研究及实现 [J]. 计算机工程 . 2004, (1):165–167.

[116] Liang G, Li Z, Li W, et al. On an LAS-integrated soft PLC system based on WorldFIP fieldbus[J]. Isa Transactions, 2012, 51(1):170–180.

[117] Liang Q, Li L. The Study of Soft PLC Running System[J]. Procedia Engineering, 2011, 15:1235–1238.

[118] 任传俊 . 基于 RTX 的 MATLAB 实时仿真技术研究与实现 [D]. 长沙 : 国防科学技术大学 ,2006.

[119] Yuan Qingbo,Bao Yungang,Chen Mingyu,etal.A Scalability Analysis ofthe Symmetric Multiprocessing Architecture in Multi-Core System[C]. Networking, Architecture and Storage, 2009.NAS 2009.IEEE International Conference on,2009: 231–234.

[120] Woldesenbet Y G, Yen G G, Tessema B G. Constraint Handling in Multiobjective Evolutionary Optimization[J]. IEEE Trans.on Evolutionary Computation, 2009, 13(2): 515–525.

[121] 单勇 . 实时半实物仿真平台关键技术研究与实现 [D]. 长沙 : 国防科学技术大学 ,2010.

[122] 王道彬，陈怀民，别洪武 , 等. 基于 RTX 的实时测控系统软件设计 [J]. 火力与指挥控制，2009,34(8)：125–127.

[123] DIN (1987) DIN 66215: CLDATA. NC-Maschinen, Berlin, Kolin, Beuth Verlage, 2010: 49–100.

[124] 关玉祥 .《机械加工误差与控制》[M]. 北京 : 机械工业出版社，1994.5.

[125] FANG Jiwen. Research on Modeling of Tool Wear in Milling Process of Difficult-to-cut Materials [D]. Nanjing University of Aeronautics and Astronautics , 2010.

附录 1

```
{

 USHORT    usSercAddr;       // 驱动器地址
 SERCOS_IDN rIDN;            //IDN 编号
 ULONG     ulIDN;
 LONG      lData;
 LONG      lValue;        // 参数值
 USHORT    usError;         // 错误值
 USHORT    usStatus;        // 状态值
 ULONG     ulAttribute;     // 参数属性值
 USHORT    usMaxLength;     // 传输数据最大长度
 USHORT    usElementSize;   // 传输数据实际长度
 ULONG     ulRet;
 USHORT    usNumElements;   // 数据块包含元素个数
 BYTE      abListData[0x1000];
 VOID*     pvListData = (VOID*)abListData;
 USHORT    usI;
 CHAR      cInput = ‘Y’;

 // 根据参数 ID 结构建立 ID 信息
  do
  {
     rIDN.cParClass = Input_Character( “(s)tandard or (p)roduct specific
IDN?\t” );
  } while(  (rIDN.cParClass != ‘S’ ) && (rIDN.cParClass != ‘s’ )
       && (rIDN.cParClass != ‘P’ ) && (rIDN.cParClass != ‘p’ ) );
   rIDN.ulFuncGroup = (ULONG)(Input_Long( “Function group? (0-4095)\
t”, 0, 4095));
```

```
    rIDN.ulSi = (ULONG)(Input_Long( “Structure instance? (0-255)\t” , 0,
255));
  rIDN.ulSe = (ULONG)(Input_Long( “Structure element? (0-255)\t” , 0,
255));
  ulIDN = rIDN.ulFuncGroup + (rIDN.ulSe << 16) + (rIDN.ulSi << 24);
  :


  :
  :
  :
  :
  //将第二阶段所需要的配置参数写入
   {
     lValue = Input_Long( “Input value:\t” , 0, 0x7FFFFFFF);
     printf( “\n” );
     do
     {
       ulRet = Request_WriteDeviceParameter(pvMemory, usSercAddr, ulIDN,
lValue);
      UniSleep(20);
     } while( ulRet == SVCH_IN_USE );
     if( ulRet != OK )
     {
      printf( “Request failed!\n” );
      return( ulRet );
     }
     do
     {
      UniSleep(20);
        ulRet = Response_WriteDeviceParameter(pvMemory, usSercAddr,
&usStatus, &usError);
     } while( ulRet == IN_PROGRESS );
     if( ulRet != FINISHED )
     {
```

```
        printf( "Response failed!\n" );
        if( usStatus & 0x8000 )
        {
         printf( "Error number: %hX\n" , usError);
         return( ulRet );
        }
       }
       else
       {
        printf( "\nParameter successfully written." );
       }
      }
    }
```

附录 2

```
{
// 命令写入参数结构体
typedef struct
    {
            USHORT   UsC_CON;
            USHORT   UsControlWords;
            ULONG    UlVelocity;
    }CYCLE_DATA_WRITE;

    // 命令读取参数结构体
    typedef struct
    {
            USHORT   UsC_CON;
            USHORT   UsStatusWords;
            ULONG    UlActivepositionFeedbackVelocity;
            ULONG    UlActivepositionFeedbackvalue;
    }CYCLE_DATA_READ;

    CYCLE_DATA_READ  ReadData;
    CYCLE_DATA_WRITE WriteData;
    USHORT   UsC_CONP;
    USHORT   UsStatusWordsP;
    ULONG    UlActivepositionFeedbackVelocityP;
    ULONG    UlActivepositionFeedbackvalueP;

    WriteData.UsC_CON=0x5;
    WriteData.UsControlWords=0xe000;
    WriteData.UlVelocity=0x84240;
```

```
BYTE*  pbProdCyclicData;
BYTE* pbFeedbackCyclicData;

// 对应驱动器位置
pbProdCyclicData = (pbBaseAddress + ((254) *0x80));
pbFeedbackCyclicData = (pbBaseAddress + ((255) *0x80));
// 将运动参数写入
memcpy( (BYTE*)pbProdCyclicData, (BYTE*)&WriteData,
sizeof(WriteData) );
// 读取反馈运动参数
memcpy( (BYTE*)&ReadData, (BYTE*)pbFeedback CyclicData,
sizeof(ReadData) );
UsC_CONP=ReadData.UsC_CON;
UsStatusWordsP=ReadData.UsStatusWords;
UlActivepositionFeedbackVelocityP=ReadData.UlActivepositionFeedbackVelocity;
UlActivepositionFeedbackvalueP=ReadData.UlActivepositionFeedbackvalue;
}
```

附录 3

```
int Gcode_SeparateGFile( char* p_filebuf,float nSetEquiv)
{
    char* p_source;
    char strline[64];
    long ptr = 0;
    long flen = 0;
    int ret;
    int offset = 0;
    int i=0;
    int j=0;
   //G 代码个数从零开始
    g_nGCount = 0;
    // 结构体下标从零开始保存参数
    g_nWirteSuffix = 0;
    g_nReadSuffix = 0;
    //flen = strlen(p_filebuf);
    p_source = p_filebuf;
    // 处理文件开头空白行，消除空格，换行符等
    while((p_source[offset] == ‘ ’)||(p_source[offset] ==’ \r’ )||(p_
source[offset] == ‘\n’ ))
    {
            offset++;
    }
    while(p_source[offset] != ‘\0’ )
    {
            if (p_source[offset] == ‘\n’ ) // 取得 string 命令
            {       i=0;
              for ( int j=0; j < offset-ptr; j++)
```

```
                {
                        strline[j] = p_source[ptr + j];
                        i=i+1;
                }
                strline[i] = ' ';
                ret = Gcode_CompileGCode(strline);
                if (ret == ERR_NoError)
                {
                        g_nGCount++;
                }
                else
                {
                        return ERR_GfileErr;
                }
                ptr = offset;
        }
        offset++;
    }
    return ERR_NoError;
}
```

附录 4

```
int Gcode_CompileGCode(char* strline)
{
    char* pchar;
    char str[8];
    int iGType = GCODE_TYPE_UNKNOWN; // 代码初始类型
    int flag = 0;
    int ret;
    int i;
    int j=0;

    pchar = strstr(strline, “G” );// 获取特征代码
   if (NULL == pchar)
   {
            pchar = strstr(strline, “M” );//M 代码
            if (NULL == pchar)
            {
                    pchar = strstr(strline, “S” );//S 代码
                            if (NULL == pchar)
                            {
                                    pchar = strstr(strline, “F” );//F 代码
                                    if (NULL == pchar)
                                    {
                                    return ERR_Pocess1 ;
                                    }
                            }
         }
    }
    else
```

```
{
        iGType = 0;
}

for ( i=0; i<5; i++)          // 取 G 代码的类型数字
{
  if (((pchar[i+1] >= '0' ) && (pchar[i+1] <= '9' )) )
  {
            str[i] = pchar[i+1];
            j=j+1;
        }
        else
        {
            break;
        }
}

if (j!=2) //G 代码固定为 2 位
{
        return ERR_GfileErr;
}

str[j] = '\0' ;
iGType += atoi(str);  // 获得 G 代码类型

switch (iGType) // 预定义相应 G 代码所处理的信息
{
        case GCODE_TYPE_G00: // 位置设定
            ret = Gcode_GetParaValue(strline);
            if (ret == ERR_NoError) // 找到了参数
            {
                nGType[g_nGTypeSuffix] = GCODE_TYPE_
G00;
                g_nWirteSuffix++;
```

```
                    }
                    g_nGTypeSuffix++;   //G 代码个数加一
                    break;
              case GCODE_TYPE_M05:
                    nGType[g_nGTypeSuffix] = GCODE_TYPE_M05;
                    g_nGTypeSuffix++;   //G 代码个数加一
                    ICode=ICode|0x0400;
                    itoa(ICode,CHCode,10);
                    strcpy( (char*)m_lpVoidSM, CHCode );

                    break;
               /* HMILQY=" true" ;
          strcpy( (char*)m_lpVoidSM, HMILQY.GetBuffer(0) );*/

                    //AfxMessageBox((char*)m_lpVoidSM);
          break;
              default:
                    //G 代码类型不能识别
                    return ERR_GTypeErr;

     }
     return ERR_NoError;
}
```